KB091529

동물병원 119

고양이편

인생의 고통에서 벗어나는 방법은 두 가지가 있다. 바로 음악과 고양이다.

- 알버트 슈바이처

프롤로그

고양이는 정말이지 이상한 동물입니다.

그 말랑말랑하고 따뜻한 몸과 묘한 눈빛에 한 번 빠져들면, 아무리 사납게 굴고 제멋대로 고집을 부려도 꼼짝없이 시중을 드는 집사가 되고 맙니다. 잠자고 있는 얼굴을 들여다보고 있으면 마음이 평온해지고, 가볍게 걸어가는 모습만 봐도 가슴이 찡해지곤 하지요. 이것은 실제 과학적 사실로, 고양이와 함께 사는 사람은 고혈압과 심장병 위험이 30% 정도 낮다고 합니다.

고양이만큼 다양한 오해를 받는 동물도 드물 것입니다.
외로움을 타지 않는 동물이다, 교육이 안 된다, 아기에게 해를 끼친다, 주인을 못 알아본다, 사람을 무시한다, 높은 데서 떨어져도 안 다친다, 한번 원한을 품으면 잊지 않는다, 검은 고양이는 악운을 가져온다, 생선을 좋아한다, 우유를 좋아한다 등등.
고양이를 키워본 사람들은 이런 얘기들이 다 오해에서 비롯된 것임을 잘 알고 있습니다. 고양이는 외로움을 타지 않고 혼자 있는 것을 좋아하기 때문에 집에 혼자 있어도 아무 문제가 없어서 키운다는 사람들도 있지만, 사실 고양이는 자기만의 영역을 존중받고 싶어 하는 것일 뿐, 외로움을 타지 않는 것이 아닙니다. 보호자가 집을 비우면 보호자의 냄새가 가장 강하게 나는 장소에서 온종일 보호자가 돌아오기를 기다리기도 하죠.

고양이는 원래 모계 중심의 무리 생활을 하는 동물로 같은 고양이 또는 같이 지내는 사람과의 상호작용을 좋아하는 동물입니다. 주위의 나이 많은 고양이나 사람이 하는 행동을 유심히 관찰하고 흉내 내는 방식으로 세상을 배웁니다. 그러한 성향을 이용하면 교육이 가능하며, 의외로 배우는 것을 좋아하는 동물이기도 합니다. 길고양이들이 무리 생활을 하지 않는 것처럼 보이는 것은 먹을 것과 잠잘 장소가 부족하기 때문입니다. 살아갈 자원이 풍부하면 고양이들은 기꺼이 공간을 공유합니다. 모계 중심의 사회에서 공동 육아를 하는 고양이는 임신한 고양이에게 자신의 영역을 양보하기도 하고, 엄마 고양이가 사냥을 나간 동안 이모 고양이가 새끼들을 대신 돌보아 주기도 합니다. 보호자가 아이를 낳은 경우에는 아이에게 해를 끼치기보다는 육아를 도와주려고 곁을 맴도는 모습도 흔히 볼 수 있지요. 고양이도 남녀노소를 구별할 수 있기 때문에 아기는 무력한 존재임을 파악합니다. 보호자가 낳은 어린 사람임을 알고 있는 것입니다.

자연계에서 고양이는 사냥꾼으로 살아가지만, 다른 동물들의 사냥감이기도 합니다. 자신의 흔적을 잘 감추어야만 사냥당하지 않으면서 사냥에 성공할 수 있습니다. 그래서 항상 주변의 소리와 기척에 예민하고 본인의 몸 관리에 신경 쓸 수밖에 없습니다. 또한 원한을 잊지 않는 것이 아니라, 자신에게 해가 되었던 상황을 잊지 않음으로써 위험을 피할 수 있는 것입니다. 천적이 없는 집안에서 사는 고양이라도 이러한 본능은 남아있습니다. 찬 우유를 먹으면 설사를 하고, 생선은 입에도 대지 않는 고양이들도 많이 있습니다. 어렸을 때 먹어보지 않은 음식들은 절대 입에 대려 하지 않는 편식쟁이들입니다. 이것 역시 본인이 확실히 안전하다고 알고 있는 방식만 따라가려는 본능에 의한 것입니다.

고양이에게는 고양이 세계의 규칙과 고양이의 길이 있습니다. 보호자들은 그 방식을 이해하고 존중하되, 고양이에게 사람과 함께 살아가는 법을 가르쳐야 합니다. 종종 고양이를 너무나 사랑해서 고양이를 '모시고' 사는 경우를 보게 됩니다. 고양이에게 무조건 사람이 편한 방식을 강요할 수 없듯이, 사람이 무조건 고양이에게 맞춰서 살 수도 없습니다. 서로의 방식을 존중하고 조절할 때 서로 편안하고 행복한 삶을 살아갈 수 있으며, 그편이 고양이에게도 좋습니다. 그러려면 고양이의 생활 방식과 행동 양식에 대한 이해가 필요합니다. 이 책에서는 고양이의 건강 관리와 질병에 대한 것뿐만 아니라, 고양이의 행동 양식과 문제 행동에 대한 설명에 많은 부분을 할애했습니다.

〈동물병원 119 : 고양이 편〉은 고양이를 처음 키워보는 예비 집사들, 혹은 아직 경험이 많지 않아 고양이에 대한 정보를 얻고자 하는 집사들을 위한 책입니다. 저는 어려서부터 항상 고양이와 함께 살아와서 고양이에 대해서는 너무나 익숙하지만, 식물을 키우는 데에는 도무지 재주가 없는 '식물연쇄살인마'이기도 합니다. 최근 식물과도 잘 지내고 싶어져서 초보자를 위한 식물 키우기 책을 읽어보았는데 너무나 어려웠습니다. 무슨 말인지, 어떻게 시작해야 하는지 도무지 알 수가 없더군요. 이처럼 저에게는 너무나도 당연한 사실들이 예비 집사들이 보기에는 어렵게 보일 수도 있겠다는 생각이 들었습니다. 이런 생각을 반영해 아주 기본적인 것부터, 이런 것도 필요할까 싶은 내용까지 꼼꼼히 책에 담으려 애썼습니다.

부디 고양이의 건강과 행동, 생활을 잘 파악하여, 고양이와 보호자가 모두 행복하고 편안한 반려 생활을 펼쳐나가시기 바랍니다.

정병성, 이나영

목차

제1장. 고양이와 함께 살아가기

제2장. 증상으로 알아보는 고양이의 질병

안과 질환

호흡기 질환

비뇨기 질환

바이러스 질환

치과 질환

유전 질환

제3장. 고양이는 고양이다

제4장. 무엇이든 물어보세요

제1장

고양이와 함께 살아가기

01

고양이와 가족이 될 준비하기

고양이 입양 전 상담하기

고양이와 가족이 되기 전에 고려해야 하는 것들

"나만 고양이 없어!"

SNS와 온라인상에는 고양이 관련 콘텐츠가 넘쳐나고, 세계에서 두 번째로 많이 보는 동영상은 고양이가 나오는 동영상이라고 합니다. 이런 영상들을 접하다 보면 고양이와 함께 사는 삶이 너무나 행복해 보여 '집사'의 길로 들어서는 경우가 많습니다. 하지만 고양이에게는 인간이 이해하기 어려운 행동과 견디기 힘든 습관도 많습니다. 고양이에 대한 환상이 깨지면서 생기는 실망감과 이로 인해 자신이 좋은 집사가 아니라는 자괴감을 느끼게 되는 경우가 종종 발생하죠. 고양이와 함께 하는 삶으로 무작정 뛰어들기 전에 미리 몇 가지를 고려해 본다면 이후의 실망감이나 자괴감을 피할 수 있을 것입니다.

어떤 성향의 고양이를 기대하고 있나요

우리 집에는 어떤 고양이가 어울릴까?

사람들은 저마다 고양이에 대한 본인만의 이미지를 가지고 있습니다. 쉴 때마다 무릎에 올라와서 기대는 모습, 낚시 장난감에 집중하며 노는 모습, 내 이불에 파묻혀 자는 모습, 혼자서도 외로워하지 않고 의연하게 지내는 모습, 인터넷에서 본 것처럼 가슴줄을 하고 산책을 즐기는 모습 등 '고양이는 이러한 동물이다'라는 본인만의 이미지가 있을 겁니다.

고양이는 생각보다 훨씬 더 다양한 개성과 성향을 가지고 있습니다. 독립적인 동물이라고 알고 있었는데 잠시라도 사람이 없으면 안 되는 고양이도 있고, 자주 안아주려 하지만 사람에게 일정한 거리를 유지하는 고양이도 있습니다. 바깥세상에 관심이 많아 문이 열릴 때마다 뛰어나가려고 해서 잃어버릴까 걱정되는 고양이가 있고, 문 여는 소리만 들려도 후다닥 숨어버리는 고양이도 있습니다. 또는 활동량이 많아서 보호자가 지칠 때까지 놀아달라는 고양이도 있고, 온갖 장난감을 사다 주어도 꿈쩍 않고 앉아서 구경만 하는 고양이도 있죠.

고양이는 품종에 따라 성격과 성향이 다릅니다. 물론 모든 고양이 개체에게 있어 절대적으로 동일한 것은 아니지만, 최소한의 참고 자료는 될 수 있습니다. 내가 어떤 성향의 고양이를 원하는지 잘 파악해서 선택하면 서로 더 편하고 행복한 생활을 할 수 있습니다.

▌고양이의 기본적인 특성을 알고 있나요

고양이마다 각각의 차이는 분명히 존재하지만, 고양이라는 동물이 공통적으로 가지는 성격이 있습니다. 같이 자란 고양이들은 서로 가족 혹은 가족같이 가까운 친구로 받아들이지만 그 외에는 경계한다는 점, 자신의 기본 생활(자고, 먹고, 배설하고, 사냥하는)은 방해받고 싶어 하지 않지만 혼자 남겨지는 것은 싫어한다는 점, 기본적으로 야행성이라 낮에는 자고 밤에는 활동하고자 한다는 점, 높은 곳으로 올라가 아래를 내려다볼 수 있는 자리를 선호한다는 점, 바깥세상을 구경하고 싶어하고 사냥 본능을 자극하는 놀이를 좋아한다는 점, 나이가 들수록 새로운 것에 적응하기 힘들어한다는 점들이 바로 그런 공통점입니다.

이런 공통점들을 살펴보면 고양이는 자신의 생활 리듬을 절대 방해받고 싶어 하지 않지만, 그 속에 보호자가 함께 있어주기를 바라는 특성을 가지고 있습니다.

▌우리 가족은 새로운 고양이를 맞이할 준비가 되어 있나요

이미 반려동물과 함께 살고 있다면 기존의 반려동물들이 새로운 고양이와 함께 잘 지낼 수 있는지 숙고해 봐야 합니다. 보통은 첫째 고양이가 외로울 것을 염려하여 둘째 고양이를 데려오지만, 두 고양이가 무조건 가족이나 친한 친구가 되지는 않습니다. 사람도 성인이 되어서 갑자기 나타난 타인과 무조건 가족처럼 지내는 것이 쉽지 않다는 것을 생각해 보면 이해가 갈 것입니다. 두 고양이의 성향이 잘 맞거나 사회성이 좋은 경우에는 베스트 프렌드가 되지만, 한 집에서 서로 적당히 무시하면서 하우스 메이트처럼 지낼 수도 있습니다. 최악의 경우 두 고양이가 심하게 싸우거나, 둘 중 하나가 스트레스성 질환을 앓게 되어 둘째로 들인 아이를 파양해야 하는 경우도 있습니다. 그러므로 성향이 서로 맞지 않을 경우를 대비하여 적절한 과정을 거쳐 합사를 진행하는 것이 중요합니다.
※ 제1장. 고양이와 함께 살아가기 〉 05. 둘째 고양이 데려오기(p.41)를 참고하세요.

간혹 고양이를 입양하고 나서야 보호자에게 고양이 알레르기가 있다는 사실을 알게 되기도 합니다. 이전에 고양이와 함께 지내본 적이 없다면, 아직 몸이 알레르기 반응을 보인 적이 없으므로 미리 병원에서 검사를 했다 해도 나타나지 않을 수 있습니다. 고양이를 입양하기 전에 고양이가 있는 환경을 여러 번 경험해서 내가 고양이를 맞이할 준비가 되어있는지 확인하는 것을 추천합니다.

고양이에게 필요한 용품

고양이에게 반드시 필요한 용품들은 한 마리당 1세트씩 있는 것이 가장 이상적입니다. 어려서부터 같이 자라왔거나 서로 사이가 아주 좋은 고양이들이라면 물건을 공유할 수도 있지만, 가급적이면 1세트씩 준비하되 상황에 따라 조정하도록 합니다.

밥그릇 & 물그릇

밥그릇은 입구가 너무 좁지 않고 바닥이 오목한 형태가 좋습니다. 사료를 급하게 먹는 편이라면 넓은 접시를 사용해 한번에 먹는 양을 조절하고, 턱 여드름이 심한 고양이는 사기그릇을 사용하는 것이 여드름 재발 방지에 도움이 됩니다. 단, 그릇 재질이 주원인은 아니므로 그릇을 바꾼다고 여드름이 완전히 사라지지는 않습니다.

고양이의 생활용품 중에 가장 투자가치가 높은 것이 바로 **물그릇**입니다. 물을 충분히, 잘 먹게 해주는 것은 고양이의 건강관리에서 가장 중요합니다. 고양이의 물그릇 재질 선호도는 유리 - 스테인리스 - 플라스틱 순이며, 고양이마다 좋아하는 급수 형태가 다르므로 이를 알아내기 위해 다양한 시도를 해야 합니다. 물그릇이 있어도 굳이 욕실에 가서 졸졸 흐르는 물을 먹는 고양이에게는 자동

급수기가 필요합니다. 급수기도 물이 위에서 아래로 떨어지는 형태, 흘러내리는 형태, 물이 아래에서 위로 솟는 형태 등 매우 다양하므로 고양이가 좋아하는 형태를 찾아주어야 합니다. 시간이 조금만 지나도 떠놓은 물을 안 먹는 고양이들도 많습니다. 원래 물을 많이 안 먹는 편이어서가 아니라 물이 신선하지 않다고 생각해서 그러는 것일 수 있으니 물은 하루에 여러 번 갈아줄 필요가 있습니다.

화장실

고양이는 사냥감에게 자신의 위치를 노출하지 않기 위해 배설물을 흙에 파묻는 습성을 가지고 있어서 화장실을 가리는데 별도의 배변 훈련이 필요 없습니다. 화장실은 고양이가 드나들기에 어려움이 없어야 하고, 몸길이의 1.5배 정도 크기인 것을 추천합니다. 화장실에서 가장 중요한 모래는 전적으로 고양이의 취향에 맞춰야 합니다. 보호자가 바꾸는 대로 무난히 사용하는 고양이도 있지만, 바뀐 모래에 적응하지 못하고 배변을 참다가 방광염에 걸리는 고양이도 있습니다. 화장실을 놓을 자리는 조용해야 하며 갑작스러운 소음이나 진동이 없는 위치여야 합니다. 따라서 창문이나 현관문 근처는 피하는 것이 좋습니다.

높은 자리

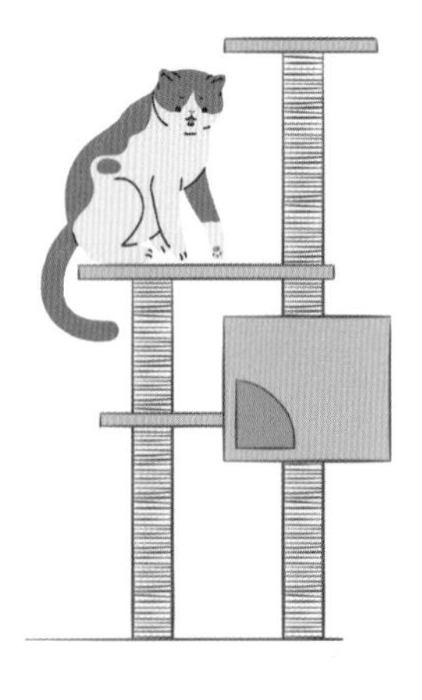

고양이에게 집안 곳곳을 한눈에 살필 수 있는 높은 자리는 삶의 질을 높이는 데에 아주 중요합니다. 일반적으로는 캣타워를 설치하지만, 가구 배치를 약간 변형해서 높이 올라갈 수 있도록 해주는 것만으로도 충분합니다. 고양이가 높이 올라가려고 할 때 다칠까 걱정되어 억지로 끌어내리는 것은 좋지 않습니다. 다치는 것이 걱정된다면 높은 자리 근처에 푹신한 매트나 쿠션을 깔아두면 됩니다.

잠자리와 숨숨집

고양이는 보호자가 준비한 방석을 무시하고 집에서 가장 마음에 드는 자리를 **잠자리**로 선택하는 경우가 많습니다. 보통은 기댈 벽이 있는 구석이나 의자 위를 선호하고 보호자의 침대 머리맡을 좋아하는 고양이도 많습니다. 따라서 처음부터 잠자리를 정해 무조건 그 위치에서 고양이를 재우는 것이 아니라, 고양이의 행동 패턴을 잘 관찰해 잠자리를 마련해주는 것이 좋습니다.

숨숨집은 잠자리와는 별도로 필요한 공간입니다. 혼자 있고 싶거나 방해받고 싶지 않을 때, 무서울 때 들어가서 숨을 수 있는 공간으로 사방과 윗면이 막힌

공간이면 더욱 좋습니다. 숨을 공간이 있는 캣타워도 좋지만, 이동장을 숨숨집으로 사용한다면 이동 시(이사, 여행, 병원)에 더 편안하게 이동할 수 있는 안정적인 수단을 가지게 됩니다.

스크래쳐

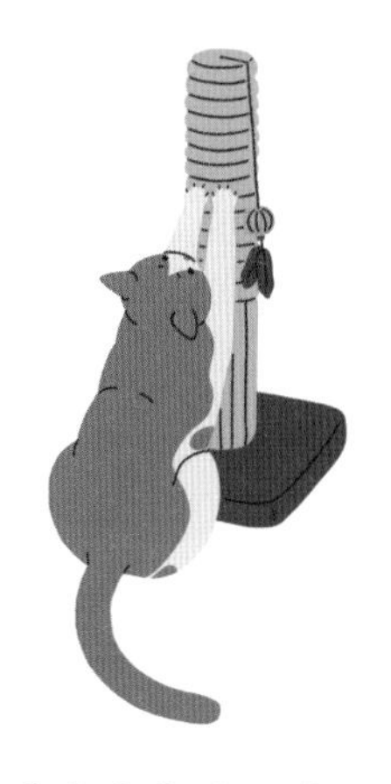

스크래쳐는 단순히 발톱을 다듬는 도구가 아니라, 영역을 나타내는 구조물이기도 합니다. 고양이의 발톱 아래에는 페로몬이 분비되는데 스크래쳐에 발톱을 긁어서 페로몬을 묻혀 본인의 영역을 표시합니다. 스크래쳐의 종류에는 바닥에 놓고 사용하는 수평 스크래쳐와 기둥처럼 세워두는 수직 스크래쳐가 있습니다. 이 중 수직 스크래쳐는 반드시 필요합니다. 수직으로 벽면을 긁는 것은 고양이의 기본적인 본능이므로 스크래쳐가 없으면 가구나 벽지를 긁게 되기 때문입니다. 이 행동은 본능적인 것으로 훈련을 통해 교정이 불가능합니다.

Dr's advice

새집 줄게 헌집 다오.

고양이는 새로운 물건보다 자기에게 익숙한 냄새가 배어 있는 낡은 물건을 좋아합니다. 어린아이들의 애착 이불과 비슷하다고 이해하면 좋겠습니다. 고양이의 기본 생활용품을 교체할 때, 헌것을 처분하고 바로 새것을 놔줬다가 낭패를 보는 경우가 많습니다. 새로운 물건을 들일 때는 꼭 헌것과 같이 두고 서서히 적응시켜 넘어가는 형태로 바꿔주어야 고양이의 스트레스를 줄일 수 있습니다.

02

고양이 입양하기

"반려묘로서 가장 이상적인 고양이의 조건이 있다면 무엇일까요?"

남녀노소로 이루어진 가족과 함께 살면서, 신뢰 관계를 잘 형성한 건강한 어미 고양이에게서 태어나, 형제들과 함께 3개월까지 자란 고양이가 있습니다. 이런 환경에서 자란 고양이는 다양한 성별과 연령의 사람들에게 익숙하며, 어미와 형제 고양이들 사이에서 고양이 간에 통하는 행동 예절을 익힐 수 있었으므로 정서적으로 안정되어 있습니다. 또한 사람 사회에 익숙해져 있어서 아주 좋은 반려묘의 자질을 지니게 됩니다. 하지만 실제로 이러한 조건을 모두 갖춘 고양이를 만나는 일은 쉽지 않기 때문에 '반려묘 이상형'이라고 합니다.

 어디에서 입양해야 할까?

고양이 입양은 애견숍, 캐터리(Cattery : 전문적인 브리더가 본인이 번식시킨 고양이를 직접 분양하는 곳), 인터넷을 통해 이루어지는 경우가 많습니다. 예전에는 가정이나 농가에서 자유롭게 외출하며 사는 고양이들이 많아서 그만큼 자연 번식도 많아 집에서 태어난 고양이를 얻어오는 경우가 다수였으나 근래에는 개인적으로 번식하는 경우가 거의 없어지는 추세입니다.

품종묘의 입양은 애견숍을 이용하는 경우가 많습니다. 애견숍에서는 다양한 품종의 고양이를 분양하기 때문에 마음에 드는 고양이를 선택할 수 있습니다. 특정한 품종을 분양받기를 원할 때는 그 품종만 다루는 캐터리에서 분양을 받기도 합니다. 캐터리에는 단독 품종만 다루는 브리더(Breeder : 강아지나 고양이를 주로 다루며 번식과 훈련, 분양을 담당하는 사육자)가 존재합니다. 예를 들어 아비시니안 품종만 전문적으로 번식 · 분양하는 브리더가 따로 있는 경우입니다. 이렇듯 전문적으로 품종을 구분해 길러내기 때문에 특정 품종을 원한다면 캐터리에 방문하는 것도 좋습니다.

유기되거나 구조된 동물들을 재분양하는 사이트나 분양숍에서도 입양할 수 있습니다. 한국동물구조관리협회(www.karma.or.kr)와 같은 사이트에 올라온 입양 공고를 확인하거나 구조 동물 분양숍에 직접 가서 입양해 올 수 있습니다. 각종 포털 사이트에 있는 고양이 동호회를 통해 구조된 어린 고양이를 입양하기도 하고, 보호자의 피치 못할 사정으로 키우지 못하게 된 고양이와 만나기도 합니다. 또는 우연히 길에서 만난 고양이와 묘연이 닿아 같이 살게 되는 경우도 있습니다.

고양이 입양의 장점과 단점

성묘 혹은 유기묘 입양

보호자의 급한 사정으로 새로운 가족을 찾아야 하는 성묘를 입양하는 경우, 이미 성장기를 지나 안정적인 상태이므로 1살 이전에 해주어야 하는 예방접종이나 수술 등의 어려움이 없다는 점이 장점입니다. 성장한 상태의 고양이라고 해도 새로운 보호자와 무난하게 잘 살아갈 수 있으므로, 어려서부터 키우지 않아 나를 따르지 않을 것이라고 속단할 필요는 없습니다. 특히 유기묘나 길고양이 입양의 경우, 세상에 나와 있는 생명을 보살피고 책임지게 되므로 매우 의미 있는 일이라고 할 수 있습니다.

하지만 이전 보호자에게서 고양이의 건강 상태에 대한 정확한 정보를 받지 못했다면 예방접종이나 선천적인 문제에 대해 잘 알지 못해 대응이 어려울 수 있습니다. 또한 행동적인 문제가 있는 경우에도 미리 알 수 없다는 단점이 있습니다.

어린 고양이 구조 입양

어린 고양이를 구조하여 입양하는 경우는 보호자가 계획하기보다는 우연한 계기로 일어납니다. 어미가 돌볼 수 없는 상황에서 생명이 위험한 아이를 구조해 키우게 되는 것이므로 마치 신생아를 키우는 것처럼 분유를 먹이고 대소변을 처리해 주어야 합니다. 이렇게 한두 달을 보내면 고양이와 깊고 끈끈한 관계를 맺을 수 있습니다.

하지만 어린 고양이를 키우는 일은 고되고 어려워서, 키우는 중에 고양이가 죽게 되는 경우도 있습니다.

애견숍에서의 입양

애견숍에서 고양이를 입양할 때의 가장 큰 장점은 본인이 선호하는 특징을 가진 고양이를 선택해서 데려올 수 있다는 것입니다. 자신이 좋아하는 외형과 성격을 가진 고양이를 만난다는 것 역시 무시할 수 없는 큰 즐거움이며, 오랫동안 고양이와 좋은 관계를 이어갈 수 있는 원동력이 됩니다.

하지만 애견숍에 있는 고양이는 이른 시기에 어미 고양이에게서 분리되어 다른 어린 고양이들과 함께 자랐기 때문에 정서적으로 불안할 수 있고, 전염성 질환에 노출될 가능성도 있습니다.

Dr's advice

어린 고양이의 발달 과정

연령	행동 발달
생후 2일	가르랑거리기 시작합니다.
생후 1주	높은 소리로 어미 고양이를 부릅니다.
생후 3일~2주	후각으로 어미 고양이와 애착을 형성합니다.
생후 2주	눈을 뜹니다.
생후 2주~4주	형제들이 곁에 있으면 진정 효과가 나타납니다.
생후 3주	어미 고양이가 포식 행동을 가르치고 사회화가 시작됩니다.
생후 4주	형제들과의 소통 방법을 익히고 고형 사료를 먹기 시작합니다.
생후 5주	배설 독립을 하고 본격적으로 스크래치와 놀이를 시작합니다. 이때부터 쥐를 죽일 수 있습니다.
생후 7주	배설물을 덮기 시작합니다.
생후 12주	장난과 놀이를 많이 하고 놀이 행동에서 성별 차이가 나타납니다.
생후 4~6개월	수컷의 경우 독립하기 시작합니다.

03

어린 고양이의 기본 생활 교육

고양이 사회화 교육

고양이의 사회화 교육이란 고양이가 인간 사회에서 사람과 더불어 살아가기 위해 필요한 기본 교육입니다. 인간 사회에서 살아가면서 흔히 접하게 되는 대상들에 대해 겁내거나 공격성을 보이지 않으며, 편안한 마음으로 살아가게 하는 것이 목적입니다. 나아가 건강관리를 위한 기본 핸들링에 익숙하게 하고 생활습관을 잡아주는 것이기도 합니다.

어린 고양이는 3개월까지 다양한 경험을 하는 것이 중요합니다. 고양이는 어릴 때의 경험과 기억으로 평생을 살아갑니다. 어릴 때 다양한 사람과 동물들을 접하고, 외출해서 좋은 경험을 쌓으면 이후에도 두려움 없이 다른 환경에 잘 적응합니다. 4개월이 지나면 고양이의 신경망은 급격히 닫히기 시작하고, 1~2살 이후에는 새롭게 접하는 것을 받아들이기 힘들어할 수 있습니다. 그래서 사회화 교육은 빨리 진행할수록 좋습니다.

Dr's advice

고양이의 사회화 대상에는 무엇이 있을까요?

- 남녀노소 구별 없이 모든 사람
- 자전거, 오토바이, 유모차, 자동차 등의 교통 수단
- 다른 반려동물
- TV, 오디오, 초인종, 자동차 경적 등의 생활 소음
- 천둥과 번개, 빗소리, 물소리(강, 바다, 폭포) 등의 자연 소음

교육의 목적은 복종이나 재주를 가르치는 것이 아닙니다. 보호자와의 올바른 상호작용을 통해 관계를 강화하고 서로 소통하기 위한 것입니다. 고양이의 사회화 교육은 '바람직한 행동'에 대한 '칭찬과 보상'으로 이루어집니다. 고양이가 보호자가 원하는 행동을 했다면 바로 그 순간에 칭찬을 하며 소량의 간식을 보상으로 줍니다. 처음에는 고양이가 어떤 행동에 대해 보상을 받았는지 모를 수도 있습니다. 하지만 이런 보상이 반복될수록 고양이는 어떤 행동을 했을 때 보상이 나오는지를 배우게 됩니다. 이후부터는 같은 방식으로 고양이를 가르치면 됩니다.

사회화 교육이 효과를 거두기 위해서는 고양이가 사료나 간식을 필요로 하는 때에 보호자에게서 공급받을 수 있다는 인식을 갖게 하는 것이 중요합니다. 그래서 교육을 진행하는 시기에는 제한 급식을 하고, 보상으로 제공할 간식 조각이나 사료알을 주머니에 항상 가지고 있어야 합니다.

이동장 훈련

고양이 보호자라면 이동장에 고양이를 넣는 문제로 고생해 본 경험이 있을 것입니다. 이동장을 꺼내는 순간 고양이는 침대 밑이나 책장 꼭대기로 도망가고, 겨우겨우 이동장에 넣으면 온 동네가 떠나가라 울어댑니다. 차로 이동하는 중에도 계속 울어서 대중교통은 이용할 엄두도 안 나죠. 또한 이동장 안을 똥오줌 범벅으로 만들기도 하고, 동물병원에 도착해서는 오히려 이동장에 숨어 절대 나오지 않으려 버티기도 합니다. 오죽하면 고양이의 동물병원 방문은 이동장에 집어넣는 단계부터 시작이라는 말이 있을 정도입니다. 고양이를 이동시키는 것에 대해 고양이는 물론 보호자의 스트레스 역시 너무 커지면 그만큼 병원 방문 횟수가 줄어들어 질병의 발견이 늦어지는 경우도 더러 있습니다.

동물병원을 방문하는 경우 외에도 고양이는 일생 중 적어도 한두 번은 이사와 같은 이동을 경험합니다. 이럴 때 고양이는 낯선 공간, 냄새, 소리 등으로 패닉 상태가 되기 쉽습니다. 낯선 공간에 대한 두려움이 큰 고양이에게 이동장 훈련은 정말 중요합니다. 이동장 훈련은 고양이가 이동장을 안전한 나의 방으로 인식하도록 만드는 과정입니다. 이동장을 편안한 공간으로 느끼는 고양이는 '애착 인형'을 가지고 외출하는 아이와도 같습니다. 불안한 마음을 의지할 도구를 갖게 되는 것이죠. 만약 외출할 때만 이동장을 꺼내온다면 고양이는 이동장을 외출과 동일시하게 됩니다. 특히 고양이가 싫어하는 동물병원에 방문하거나 미용하러 갈 때만 이동장을 사용한다면 이동장은 끔찍한 공간으로 인식되겠죠. 이런 공포감을 갖게 하지 않기 위해서는 이동장을 집안의 가구처럼 항상 정해진 위치에 두어야 합니다. 고양이가 이동장을 집으로 사용하지 않더라도, 공간의 구성품 중 하나로 익숙하게 느끼고 본인의 냄새가 배어 있도록 만들어야 합니다. 이동장 자체를 숨숨집으로 사용하는 것도 좋습니다. 고양이 입장에서 숨숨집은 많을수록 좋으므로 예쁜 디자인의 제품과 이동장을 같이 사용하면 이동장에 쉽게 익숙해질 것입니다.

이상적인 고양이 이동장

• **윗부분과 바닥이 단단한 것**

집에서 고양이 가구처럼 사용하려면 단단한 플라스틱 재질의 제품이 좋습니다. 천으로 된 이동장을 사용하면 위로 들어올렸을 때 바닥이 아래로 처지고 옆 공간이 좁아지므로 바닥이 불안정하고 압박감도 듭니다. 또한 외부에서 물체가 이동장 위로 떨어지는 경우도 있어서 천으로 된 이동장보다는 단단한 재질의 이동장이 고양이를 보호하기에 적합합니다.

• 내부가 잘 들여다보이지 않는 것

보호자들은 외출 시 고양이가 여유 있게 주변을 구경하기를 바라지만, 대개의 고양이는 몸이 훤히 노출되는 상황을 불안해합니다. 이동장 옆면의 좁은 틈으로도 충분히 외부를 관찰할 수 있으니 개방감이 있는 이동장은 지양하는 것이 좋습니다.

• 출입문을 완전히 뗄 수 있는 것

경첩으로 한쪽이 고정된 문은 고양이가 드나들기 불편하고, 여닫을 때 큰소리가 나서 고양이를 자극할 수 있습니다. 이동장을 숨숨집으로 쓰기에도 문을 완전히 뗄 수 있는 제품이 좋습니다.

• 이동장의 윗부분이 열리는 것

고양이가 이동장 밖으로 나오지 않으려고 하는 상황에서 고양이를 억지로 끌어내거나 이동장을 기울여 털어내면 고양이의 불안감은 극으로 치닫습니다. 이럴 때 이동장의 윗부분이 열린다면 긴장하고 있는 고양이를 담요나 타월로 감싸 진정시킬 수 있고, 이 상태로 청진이나 채혈, 검이경 검사(귀 내부 검사) 등 기본적인 검사를 진행할 수 있습니다.

변화된 환경에 잔뜩 긴장해 있는 고양이를 최대한 편안한 상태로 만들어 주는 것이 고양이에게도, 보호자에게도, 수의사에게도 좋습니다. 어떤 이동장을 사용하느냐에 따라서 고양이가 외출을 겁내지 않고, 낯선 환경에도 빠르게 안정을 찾을 수 있느니 네 가지 조건은 반드시 확인하도록 합니다.

고양이 이동장 친화 훈련법

고양이 이동장 친화 훈련법에는 총 8단계가 있습니다. 모든 단계를 한 번에 하려고 하지 말고 하나씩 천천히 해나가며 고양이가 충분히 적응할 시간을 줘야 합니다.

단계	이동장 친화 훈련법
1단계	문을 완전히 뗀 이동장 내부에 푹신한 담요를 깔고, 마따따비나 캣닢을 뿌려 편안한 환경을 만듭니다.
2단계	고양이가 가장 좋아하는 간식을 이동장 내부에서 먹입니다.
3단계	고양이가 배고픈 상태에서 사료를 이동장 안에 넣고 먹입니다.
4단계	고양이가 이동장 안에 있을 때 문을 닫아봅니다. 이때 고양이가 불안을 느끼기 전에 문을 다시 여는 것이 중요합니다.
5단계	문을 닫은 상태에서 이동장을 조심스럽게 들어올렸다 내립니다. 처음에는 이동장을 들어올렸다 내린 다음 바로 문을 열어서, 고양이가 좋아하는 간식을 주거나 놀이를 합니다.
6단계	이동장을 들고 집안을 돌아다닌 후, 문을 열고 즐거운 놀이를 합니다.
7단계	차에 이동장을 실었다가 다시 집으로 돌아와 즐거운 놀이를 합니다.
8단계	차에 시동을 걸고 5분 정도 운행한 후, 다시 집으로 돌아와 즐거운 놀이를 합니다.

이렇게 이동장을 이용한 활동에서 고양이가 불쾌한 일을 겪지 않고 집으로 돌아와 다시 즐거운 경험을 하는 것을 반복하면 이동장 자체에 대한 안정감을 높일 수 있습니다. 고양이 이동장 훈련의 목표는 고양이가 이동장에서 편안하게 머무르는 것입니다. 강아지 이동장 훈련(크레이트 훈련)은 문을 닫고 기다리는 시간을 늘리는 것이지만, 고양이의 이동장 훈련에서는 고양이가 갇힌 기분을 느끼게 해서는 안 됩니다.

끝내 이동장 친화 훈련에 성공하지 못할 수도 있습니다. 훈련에 실패했다고 해서 포기하지 말고 이동장은 그 공간에 그대로 두고 안에 새로운 장난감이나 새로운 캣닢, 좋아하는 간식을 계속 넣어둡니다. 고양이가 자발적으로 이동장에 들어가지는 않더라도, 익숙한 냄새가 배어 있는 이동장은 낯선 외부환경에서 고양이에게 큰 도움이 됩니다.

Dr's advice

어린 고양이의 이동장 훈련

고양이를 입양하러 갈 때 미리 이동장을 준비해서 데려오는 것이 좋습니다. 어미 고양이와 함께 있던 방석이나 담요를 받아오거나, 이동장에 충분히 문질러 냄새를 묻힌 다음 어린 고양이를 이동장에 넣어 집으로 데려옵니다. 낯선 공간에 도착하면 고양이는 자신에게 가장 익숙한 냄새가 배어 있는 이동장에서 머물게 되어 자연스럽게 이동장을 숨숨집으로 활용할 수 있습니다.

성묘를 위한 이동장 훈련

성묘의 경우 이미 이동장에 들어가는 것을 싫어하는 상태일 수 있습니다. 이럴 때는 새로 준비한 이동장의 윗부분을 떼어 내고 요람과 같은 형태로 만든 다음 훈련을 시작합니다. 이동장에서 멀지 않은 곳을 식사 자리로 정하고, 매일 조금씩 식기를 이동장 쪽으로 옮기며 서서히 이동장 내부에서 식사하도록 유도합니다. 고양이가 열린 이동장에 충분히 익숙해지면 빼두었던 윗부분을 다시 조립합니다. 이때 고양이가 다시 이동장을 피할 수 있는데, 이럴 때는 식기를 이동장에서 멀지 않은 곳으로 잠깐 옮긴 후 다시 서서히 이동장 쪽으로 옮겨 익숙하게 만들면 됩니다.

핸들링 훈련

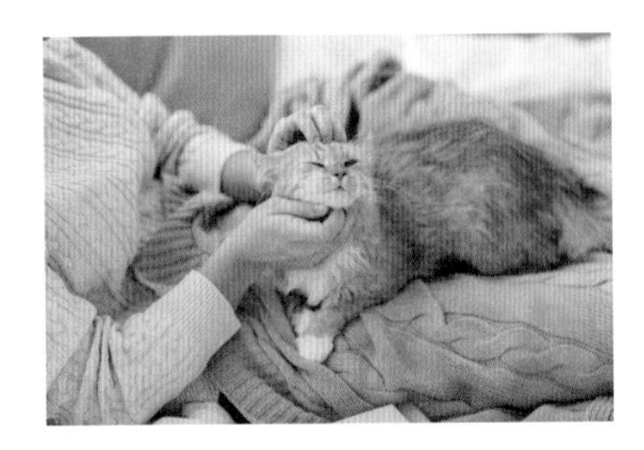

동물들은 아픈 것을 직접적으로 표현하지 못하므로 보호자가 촉진을 통해 정기적으로 신체검사를 하는 것이 중요합니다. 하지만 고양이는 친근한 사이에서도 자신의 몸을 만지는 것을 잘 허용해주지 않는 동물이죠. 몸 구석구석을 만지는 걸 좋아하지 않는 고양이라 하더라도, 촉진하는 동안만은 참을 수 있도록 평소에 핸들링 훈련이 필요합니다.

교육 기간	핸들링 훈련법
1주 차	기분 좋게 누워 있거나, 졸고 있을 때 머리부터 꼬리 끝까지 힘을 주지 않고 부드럽게 쓰다듬습니다.
2주 차	1주 차에 하던 대로 부드럽게 쓰다듬다가 얼굴을 골고루 만지면서 귀 끝까지 손가락으로 가볍게 만집니다.
3주 차	2주 차 핸들링처럼 쓰다듬다가 발을 가볍게 쥡니다.
4주 차	부드럽게 쓰다듬는 것으로 시작하며, 발을 쥐고 다리를 구부렸다 폈다 합니다. 꼬리를 들고 항문 주변을 토닥입니다.
5주 차	발을 쥐고 발톱을 깎아 줍니다.
6주 차	옆으로 눕히고 가슴부터 배를 부드럽게 만집니다.
7주 차	얼굴을 만지다가 귀 안쪽에 새끼손가락 끝을 살짝 넣어봅니다. 고양이의 입을 벌리고 입안을 살펴봅니다.
8주 차	몸 전체를 무리 없이 만질 수 있습니다.

Dr's advice

발톱 깎기

핸들링 5주 차에서 발톱 깎는 것을 시도해 봅니다. 억지로 깎으려고 하면 오히려 역효과를 낼 수 있으니 시간을 들여 천천히 진행합니다. 한 번에 1~2개만 깎을 수 있어도 괜찮습니다. 고양이는 스스로 스크래쳐를 긁으며 발톱을 다듬을 수 있으므로 평소 발톱을 깎는 것이 필수사항은 아닙니다. 그러나 병원을 방문하기 전에는 발톱을 깎아야 사람이 다치는 것을 방지할 수 있습니다. 또한 나이가 들어 관절염이 오면 스스로 발톱 관리를 할 수 없으므로 발톱을 깎아 주어야 합니다. 즉, 평소 발톱을 다듬는 것이 필요사항은 아니지만, 필요할 때는 발톱을 깎을 수 있어야 합니다.

빗질하기

핸들링 훈련의 마지막 단계에서 시도하는 것이 좋습니다. 장모종 고양이에게 빗질하기는 필수이며, 단모종의 경우에도 빠지는 털을 빗질해주면 헤어볼을 방지하고 피부와 털을 건강하게 유지할 수 있습니다. 빗을 선택할 때는 브러시의 팁이 너무 뾰족하지 않은 것을 선택하도록 합니다.

칫솔질 훈련

고양이는 구내염, 치은염 등의 질환에 쉽게 노출되어 있어 평소에 치아 관리를 꾸준히 해주어야 합니다. 이때 사람의 양치질과 같이 치아의 구석구석을 말끔히 닦아내겠다는 욕심은 버립니다. 과한 욕심은 오히려 고양이가 칫솔질을 혐오하게 되는 결과를 가져올 수 있습니다. 칫솔질할 때는 '큰 어금니와 송곳니를 관리한다'라는 정도의 목표를 세우고 진행하는 것이 좋습니다.

교육 기간	칫솔질 훈련법
1주 차	동물용 치약을 손가락에 묻혀서 먹입니다. 무작정 입에 넣는 것이 아니라 처음에는 코앞에 대고 스스로 먹도록 유도합니다.
2~3주 차	치약을 간식처럼 생각하게 되면 손가락에 치약을 묻혀 치아나 잇몸에 바릅니다. 많이 싫어하면 억지로 하지 말고 한동안 핥아먹게 뒀다가 다시 시도합니다.
4주 차	동물용 치약을 칫솔에 묻혀서 먹입니다. 마찬가지로 처음에는 코앞에 대고 스스로 먹도록 유도합니다.
5주 차	칫솔에 묻은 치약을 거부감 없이 먹으면 칫솔로 치약을 치아와 잇몸에 바릅니다.
6주 차	칫솔로 부드럽게 닦는 것을 시도합니다. 큰 어금니와 송곳니를 위주로 닦아줍니다.

다양한 사료 먹이기 훈련

고양이는 어릴 때 다양한 맛과 재료를 접하지 못하면 성묘가 되어도 어릴 때 먹어보지 못한 음식은 먹지 않게 됩니다. 어린 고양이가 어떤 브랜드의 사료를 좋아한다고 해서 한 가지 사료만 먹이는 것은 좋은 행동이 아닙니다. 동그라미, 세모, 네모 등의 다양한 모양과 맛의 사료를 시도하고, 캔 사료도 먹여보며 다양한 맛을 느끼게 해주어야 합니다.

사료를 소량씩 나누어 캣타워나 크레이트 등 여러 곳에 두고, 찾아다니며 먹게 하는 훈련도 좋습니다. 사료를 꺼내 먹기 힘든 푸드 퍼즐을 사용하는 것도 고양이에게 좋은 정신적 자극이 됩니다. 고양이가 사료를 먹는 것은 사냥과 직결

되며, 사냥은 곧 놀이입니다. 다양한 사료를 먹이기에 가장 좋은 타이밍은 낚싯대 같은 놀잇감으로 신나게 놀아준 후 보상으로 사료를 주는 것입니다. 이렇게 먹이면 새로운 음식에 대한 경계심이 낮아져 다양한 음식을 경험할 수 있게 됩니다.

 가짜 약 먹이기 훈련

약 먹이는 훈련은 쉽지 않습니다. 사람도 약 먹는 것을 싫어하듯 고양이도 똑같습니다. 그래서 평소 고양이가 좋아하는 간식을 사용해서 '가짜 약'을 먹이는 훈련을 하는 것이 좋습니다. 사료나 좋아하는 간식을 새끼손톱 크기로 잘라 입을 벌리고 마치 약을 먹이는 것처럼 연습하면 진짜 약을 먹여야 할 때 의심 없이 약을 삼키게 할 수 있습니다. 알약뿐만 아니라 액체로 된 약을 먹여야 할 때를 대비해 우유나 고기 수프를 주사기에 넣고 입을 벌려 조금씩 먹이는 연습을 하는 것도 좋습니다.

04

고양이 중성화 수술

고양이의 번식 생리에 대하여

고양이의 번식력은 매우 왕성한 편입니다. 고양이는 보통 1년에 2~3회 임신을 하고, 한 번에 4~6마리의 새끼를 낳습니다. 하지만 자연계에서는 새끼 고양이를 노리는 포식자가 많기 때문에 많이 낳더라도 성묘로 자라는 개체 수는 한정적입니다.

수컷이 성 성숙에 이르는 나이

수컷 고양이의 성 성숙기는 8~10개월령으로 봅니다. 하지만 나이가 어리더라도, 자라는 속도가 빨라 체중이 증가하고 몸집이 커졌다면 성 성숙에 이르는 나이도 빨라집니다. 정자 생성 능력은 5~9개월령부터 생기는데 정자가 생성된다고 해서 바로 교미 행동을 시작하는 것은 아닙니다. 실제 교미 행동은 고양이의 신체 조건(체고, 체중)이 성숙되어야 나타나고, 암컷 고양이의 발정 주기에 따라 계절의 영향을 받기도 합니다. 수컷 고양이의 생식 능력은 일반적으로 10살 정도까지 유지되는 것으로 알려져 있습니다.

암컷이 성 성숙에 이르는 나이

암컷 고양이의 성 성숙기는 5~9개월령으로 보지만, 넓게는 3.5~10개월령으로도 잡을 수 있습니다. 첫 발정 시기는 품종, 계절, 고양이의 건강 상태에 따라 다르게 나타납니다.

고양이의 발정은 일조 시간의 영향을 크게 받습니다. 일조 시간이 짧은 겨울에는 발정이 중단되었다가 해가 길어지기 시작하는 2~4월에 일제히 시작됩니다. 봄철에 소위, '아깽이 대란'이 일어나는 것도 이런 이유 때문입니다. 2월에 시작된 암컷 고양이들의 발정기는 10~11월까지 이어집니다. 이러한 현상은 지구 북반구에서 각각의 위치에 따라 다르게 나타나는데, 겨울이 없는 적도 부근에서는 발정 중단기가 나타나지 않습니다. 남반구인 호주와 뉴질랜드에서는 계절이 반대이므로 발정 시기도 반대로 나타납니다.

일단 발정기가 시작되면, 보통 3~4일 이내에 교미하고 성공하면 임신을 하게 됩니다. 교미를 하지 못하면 발정 증상은 9~10일 정도 이어지다가 사라집니다. 교미를 했더라도 임신에 실패하면 발정은 3주 주기로 반복됩니다. 발정이 오면 식욕이 급격히 떨어지고, 제대로 쉬지 못하고 좌불안석하게 되므로 중성화 수술을 하지 않은 암컷 성묘들은 대개 크기가 작고 마른 편입니다. 임신을 하면 발정 주기는 즉시 중단되며, 새끼 고양이를 낳아 기르다가 젖을 떼면 다시 발정 주기가 시작됩니다. 때때로 중간에 새끼 고양이가 죽거나, 입양되어 수유가 중단되는 경우에도 다시 발정 주기가 시작됩니다.

 고양이의 임신과 출산

고양이의 임신 기간은 평균 62~65일입니다. 임신 2주 이상이 되면 초음파로 진단할 수 있지만, 고양이에 따라 잘 안 보이기도 합니다. 임신 기간 중 지속적으로 체중이 증가하나 그렇다고 해서 평소보다 사료를 더 많이 먹는 것은 아닙니다. 출산이 가까워지면 예정일로부터 7~10일 전에 병원 진료를 통해 체내에 있는 새끼의 수를 알아 두는 것이 좋습니다. 고양이의 분만에서 난산이 나타나는 경우는 드물지만, 종종 일어날 수 있으니 출산이 무사히 끝났는지, 새끼가 전부 다 나왔는지 살피며 출산의 전체 과정을 잘 지켜보는 것이 중요합니다.

고양이는 분만 일주일 전부터 새끼를 낳을 보금자리를 만들기 시작하는데, 이때 보금자리를 보호자가 마음대로 옮기면 어미 고양이는 매우 불안해합니다. 더 좋은 환경을 만들어주고 싶은 마음은 이해하지만 고양이가 보금자리를 먼저 정했다면 주변 정리만 깨끗하게 해주는 것이 좋습니다. 분만이 시작되면 첫 번째 새끼 고양이는 60분 정도 후에 나오고, 이후 30~60분 간격으로 출산이 이어집니다. 새끼 고양이 한 마리당 태반이 하나씩 나오므로 분만을 지켜볼 때는 태반이 다 나왔는지 반드시 확인합니다. 야생의 고양이는 태반을 직접 먹어서 흔적을 지우지만, 집에서 분만할 때는 먹지 않도록 치워주는 것이 좋습니다.

사람과 마찬가지로 고양이 역시 임신과 출산, 수유 등 양육의 전 과정에서 에너지가 많이 필요합니다. 새끼 고양이를 키우고 있을 때는 어미 고양이의 상태를 꾸준히 확인하며 고단백의 사료를 급여해 체력을 보충해주도록 합니다.

고양이 중성화 수술

고양이의 발정 증상은 매우 강하고, 임신할 때까지 반복되기 때문에 건강상의 문제를 일으키기 쉽습니다. 발정이 올 때마다 교미와 출산을 계속하는 것은 암컷 고양이의 몸에 상당한 무리가 가는 일이며, 수컷 고양이의 경우는 길고양이의 발정기에 영향을 받아 집을 나갔다가 돌아오지 못하는 경우도 종종 발생합니다.

반려동물의 중성화 수술에 대해 '동물의 자연 본성을 거스른다'는 의견과 '오래 건강하게 사는 게 좋다'는 의견이 충돌하고 있습니다. 동물의 본성을 어디까지 유지하게 할 것인가는 다양한 측면에서 고려해야 하는 일입니다. 하지만 발정 – 교미 – 출산으로 이어지는 사이클에서 교미와 출산 없이 발정 시기를 그저 참아 넘기는 것도, 계속해서 출산을 반복하는 것도 고양이의 몸을 상하게 합니다. 또한 새끼들이 태어날 때마다 이들이 제대로 된 생활을 영위할 수 있도록 환경을 제공하고, 그때마다 매번 좋은 입양처를 찾기도 쉽지 않은 일입니다. 그래서 중성화 수술은 완벽하지는 않지만 가정에서 반려묘를 키우는데 가장 적절한 대안이라고 생각합니다. 새끼 고양이를 낳게 할 계획이 있더라도 계획했던 출산이 끝나면 중성화 수술을 해주는 것이 좋습니다.

05

둘째 고양이 데려오기

고양이를 안 키우는 사람은 많지만, 한 마리만 키우는 사람은 드물다.

묘하게도 고양이를 한 마리만 키우는 경우보다 2~3마리의 고양이를 한 번에 키우는 경우가 흔합니다. 보통 고양이가 외로워할까 봐, 다른 품종의 고양이는 어떨까 궁금해서, 길고양이나 유기묘에게 관심이 생겨서 둘째 셋째 고양이를 입양하는 경우가 많습니다.

하지만 이런 보호자의 마음과 고양이의 마음은 별개입니다. 대개의 고양이에게 함께 편하게 생활할 수 있는 대상은 어려서부터 같이 자란 형제자매 고양이입니다. 고양이는 모계 사회로, 무리를 이루는 경우에는 대개 이종사촌들이 함께 지냅니다. 처음부터 같은 무리에 속해있는 고양이들끼리는 서로 잘 지내는 편이지만, 고양이가 어느 정도 자란 상태에서 보호자가 데려오는 둘째 혹은 셋째 고양이는 하우스 메이트의 관계일 뿐입니다. 셰어 하우스에서 만난 사람과는 잘 맞을 수도 있고, 사이가 나쁠 수도 있죠. 폭력사태가 일어날 정도만 아니라면, 공간과 환경을 잘 조절하여 같이 지낼 수 있습니다. 또는 아주아주 운 좋게 사이좋은 친구가 되기도 합니다.

언제 입양하는 게 가장 좋을까?

첫째 고양이가 성 성숙기에 들어가기 전에 둘째 고양이가 들어오면 무리 없이 합사가 가능합니다. 그러나 대개 첫째가 어느 정도 성장하고 나서, 둘째가 들어오는 경우가 많으므로 적절한 입양 시기를 정하기보다는 이후에 잘 지낼 수 있도록 환경을 어떻게 조성해 줄 것인가가 더 중요합니다.

우리집 고양이와 안전하게 인사시키기

같은 고양이니까 무조건 함께 잘 지낼 거라는 생각은 하지 않는 게 좋습니다. 동물들 역시 낯선 개체와 친하게 지내게 되는 데에는 약 1~2주 정도의 적응기 및 과도기가 필요합니다.

빨리 친해지라고 같은 공간에 두거나 무리해서 다가가게 만들면 오히려 역효과가 날 수 있습니다. 고양이들만의 속도로 서서히 친해질 거라 믿고 조급하게 생각하지 않는 것이 중요합니다.

새로운 고양이를 집으로 데려오기 전에는 무조건 전염성 질환에 대한 검사를 하도록 합니다. 이때 집에 있던 고양이는 만약을 대비해 보강 접종을 하는 것이 좋습니다. 고양이를 처음 데려올 때는 질병의 징후가 없었다 하더라도, 새로운 공간에 적응하는 과정에서 스트레스를 받으면 면역력이 저하되면서 잠복하고 있던 질병이 올라오는 일도 있습니다. 그러므로 새로운 고양이가 집으로 들어올 때는 최소 일주일가량의 격리 기간을 두는 것이 좋습니다.

전염성 질환의 문제 외에도 서로 다른 공간에서 자란 두 고양이가 갑작스럽게 마주치는 것은 이후 관계에 안 좋은 영향을 줄 수 있습니다. 첫 대면부터 바로 잘 어울리는 경우가 없는 것은 아니지만, 시간을 두고 서서히 다가가게 하는 것이 더 안전한 선택입니다. 한 집안에서 서로 다른 공간에 머무르면서 천천히 서로의 존재를 알게 하고, 서로가 서로에게 위협이 되지 않음을 확인할 시간이 필요합니다. 대면하기 전에 미리 수건 한 장으로 서로의 몸을 교대로 문질러서 체취가 섞이도록 해주는 것도 좋습니다. 합사 시 첫 대면의 순간이 가장 중요한데, 이미 서로의 존재를 인식하고 본인들의 생활이 전혀 위협받지 않는 상태인 것을 알고 있다면 친근한 느낌을 가진 채로 만나게 되므로 첫 단추를 아주 훌륭하게 끼웠다고 할 수 있습니다.

Dr's advice

고양이를 서로 인사시키는 순서

1단계 : 서로 얼굴을 볼 수 없도록 다른 방에 머물게 하고, 하나의 수건으로 번갈아 얼굴을 문질러서 냄새가 섞이도록 합니다.

2단계 : 방묘창을 사이에 두고 서로 대면시킵니다. 방묘창이 없다면 각자 이동장에 들어가 있는 상태로 이동장의 앞부분을 마주 대어 대면시킵니다.

3단계 : 2단계에서 하악질을 하거나 경계가 심하면 다시 며칠간 각자의 공간에 머물면서 계속 냄새를 섞어주어 익숙해지도록 합니다.

4단계 : 각자 방묘창을 사이에 둔 상태에서 사료나 간식을 먹입니다.

5단계 : 배가 불러 기분 좋은 상태가 되면 직접 만나게 합니다.

고양이는 몇 마리까지 함께 살 수 있을까?

한 가정에서 함께 살 수 있는 고양이의 수는 **[방의 수 - 1마리]**를 권장합니다. 예를 들어 방이 두 개, 거실이 하나 있는 집에 적정한 고양이 수는 2마리입니다. 이 공식은 고양이 간의 다툼을 피하기 위한 것입니다. 고양이들의 관계는 우리가 원하는 대로 항상 친하지는 않으며, 나이가 들어 질병이 생기면 관계성이 틀어지거나 달라질 수 있습니다. 사람들은 오래 같이 지낸 고양이들이라면 어느 한 마리가 아플 때 서로 돌봐줄 거라고 생각하기 쉽지만, 질병 말기의 아픈 고양이가 가까이 있으면 다른 고양이는 심한 스트레스 반응을 보이곤 합니다.

물론 이 공식이 모든 경우에 똑같이 적용되는 것은 아닙니다. 함께 살고 있는 고양이들의 관계가 어떤지, 넓지 않은 공간이라도 환경을 어떻게 만들어 주는지, 고양이에게 필요한 기본 생활 요소가 얼마나 충분히 갖춰져 있는지에 따라 달라집니다. 길고양이를 대상으로 한 공간 공유 실험에서도 제공되는 사료량과 환경에 따라서 같은 크기의 공간을 공유할 수 있는 고양이의 수가 최대 2~5배까지 증가하는 것이 관찰되었습니다.

 고양이가 한 마리 늘어날 때마다 추가해 주어야 하는 것들

고양이가 한 마리 늘어날 때마다 필요한 용품 역시 한 세트씩 늘어나야 합니다. 고양이가 2마리라면 각자의 잠자리, 숨을 공간, 높은 공간, 스크래쳐, 밥그릇, 화장실 등이 2세트 있어야 합니다. 이중에 화장실은 **[고양이 수 + 1개]**로 여유있게 준비하는 것이 좋습니다. 고양이가 화장실에 들어가고 싶을 때 다른 고양이가 들어가 있어서, 못 들어가게 되면 당연히 불편함과 스트레스를 느낍니다. 이런 스트레스가 쌓이면 특발성 방광염 같은 질환이 나타나기 쉽습니다. 고양이는 본인이 뭔가 하려는 필요와 욕구가 있을 때 외부적 요인으로 좌절되는 것을 견디기 힘들어합니다. 그러니 고양이가 사용하고자 하는 생활 요소가 다른 고양이와 동시에 겹치지 않도록 해주는 것이 아주 중요합니다.

Dr's advice

좌절감을 막기 위해서는 대체재를 만들어 주세요.

고양이는 좁은 틈이 있으면 그 안에 들어가려고 합니다. 특히 침대 밑으로 들어가는 경우가 많은데, 침대 밑은 먼지가 많아 고양이가 들어갔을 때 재채기하거나 심하면 결막염에 걸리기도 합니다. 보호자는 고양이가 걱정되는 마음에 침대 밑으로 들어간 고양이를 억지로 잡아당겨 나오게 하지만, 이런 행동은 오히려 고양이에게 깊은 좌절감과 불만을 주는 일이 됩니다. 이럴 때는 강압적인 방법보다 침대 밑 공간을 박스로 막아두고, 침대 아래 환경과 최대한 유사하게 기어들어가 숨을 수 있는 공간을 만들어 주는 것이 좋습니다.

고양이들의 사회적 관계

고양이 사회의 기본 원칙은 '가족, 혈연관계가 아닌 고양이를 만나면 조심해서 피해야 한다'입니다. 즉, 같은 집에서 살고 있다고 해도 가족의 구성원과 동거묘를 구분해야 합니다. 동일한 장소에 산다고 해서 같은 무리가 아닙니다. 다묘가정을 꾸리고 싶다면 그 사실을 먼저 인정하는 것에서부터 시작해야 합니다.

집에서 같이 살고 있는 동거묘들은 그저 공간을 공유하고 있는 것뿐일 수 있습니다. 그래서 최대한 서로 불편함 없이 지낼 수 있도록 환경을 풍부하게 만들어 주어야 합니다. 혈연관계일지라도 필요에 의한 가족생활을 하기 때문에 먹이와 공간이 충분할 때만 가능합니다. 중요한 생활 자원으로의 즉각적인 접근이 원활해야 하고 자신의 핵심 영역이 지켜져야 합니다. 특히 출입문을 두고 싸움이 벌어질 수도 있으므로 즉시 피할 수 있는 루트를 확보해 주어야 합니다.

같은 사회집단	단순 동거묘
만나면 꼬리를 세웁니다.	쫓거나 도망갑니다.
지나치거나 걸을 때 서로 몸을 비빕니다.	마주치면 하악거립니다.
몸을 기대고 같이 잡니다.	같은 방에 있지 않습니다.
장난치면서 함께 놉니다.	멀리 떨어져서 잠을 잡니다.
장난감을 공유합니다.	방어적으로 자는 척을 합니다.
	계단이나 출입문 앞에서 상대의 움직임을 막습니다.
	서로 빤히 응시합니다.
	같이 있으면 긴장합니다.
	주인과 따로 따로 소통합니다.

 행복한 고양이 만들기

혼자 있다고 해서 외롭다거나 산책을 나가지 않는다고 해서 불행한 고양이가 되는 것은 아닙니다. 실내의 환경을 어떻게 조성하느냐, 자극을 얼마나 풍부하게 주느냐에 따라 충분히 행복한 삶을 만들어 줄 수 있습니다.

실내 환경 조성하기

• 충분한 공간을 확보해 줍니다.

고양이가 다닐 수 있는 공간을 최대한 넓게 만들어 주는 것이 좋습니다. 고양이는 바닥뿐만 아니라 수직 공간, 즉 위로 올라갈 수 있는 자리도 공간으로 인식합니다. 특히 높은 곳에서 공간 전체를 내려다보면서 자신이 상황을 조절하고 있다는 느낌을 좋아합니다. 공간을 마련해 줄 때는 숨을 수 있는 공간과 쉬는 공간을 구분해서 따로 준비해 줍니다.

• 고양이 화장실은 창문과 출입문에서 멀리 떨어뜨립니다.

화장실은 사람에게나 동물에게나 비밀스러운 공간입니다. 그러니 최대한 조용한 곳에 마련해주는 것이 좋습니다. 고양이는 창밖의 새나 길고양이의 소리와 냄새에도 쉽게 스트레스를 받습니다. 또한 현관문 밖에서 사람들이 지나다니는 소리와 예고 없이 열리는 문도 스트레스의 원인이 됩니다. 고양이 화장실에서 제일 중요한 것은 프라이버시임을 잊지 말아야 합니다. 특히 배변 · 배뇨 중에 예상치 못한 소음에 놀라거나 다른 고양이나 사람이 쳐다보고 있는 것은 심한 스트레스가 될 수 있으니 주의합니다.

• 창가에 자리를 만들어 줍니다.

바깥 공기를 쐴 수 있고 바깥을 구경할 수 있는 창가에 자리를 만들어 줍니다. 굳이 외출을 하지 않아도 창밖을 보는 것만으로도 충분히 외부의 상황을 파악할 수 있습니다.

• 잠자리는 두 개를 만들어 줍니다.

고양이의 잠자리는 두 개가 필요합니다. 하나는 공간을 내려다볼 수 있도록 높은 곳에 두고, 다른 하나는 세 면이 막힌 낮은 곳에 두어서 고양이가 원하는 때에 원하는 자리를 골라서 쓸 수 있도록 해주는 것이 좋습니다.

• 스크래쳐는 반드시 필요합니다.

몸을 비빌 기둥과 스크래치 포스트는 발톱을 다듬기 위해서뿐만 아니라, 스트레스 해소는 물론 고양이의 영역을 표시하는 문패와 같은 역할을 하므로 반드시 준비합니다.

다양한 자극 주기

• 캣그라스 화분은 그 자체로 행복입니다.

캣그라스 화분을 가지고 노는 것은 고양이에게 있어 큰 즐거움입니다. 캣그라스에는 보통 호밀이나 귀리, 보리 등이 있는데 고양이는 풀을 가지고 노는 것도, 먹는 것도 좋아합니다. 캣그라스를 먹음으로써 원활한 배변 활동은 물론 간과 대장을 건강하게 관리하고, 헤어볼을 방지할 수도 있습니다. 캣그라스는 한 종류만 두는 것이 아니라 다양한 종류를 준비해 고양이가 '골라서' 먹을 수 있도록 하면 더욱 좋습니다.

• '놀이'를 자주 해줍니다.

고양이는 깨어있는 시간에 주로 사냥을 하며 보냅니다. 고양이에게 사냥은 곧 놀이입니다. 놀이를 통해 꾸준히 사냥 감각을 유지해 주는 것은 고양이에게 정신적인 자극이 됩니다. 장난감은 사냥감을 대신하는 것이므로 새것으로 자주 바꿔주는 것이 좋고, 놀이하지 않을 때는 보이지 않는 곳에 치워두어야 합니다. 고양이가 놀이에 싫증을 보인다면 문제가 되는 것은 장난감을 가지고 노는 놀이가 아니라 장난감 그 자체입니다. 어떻게 하면 장난감으로 고양이의 흥미를 자극하는 사냥감 역할을 할 수 있을지 꾸준히 생각하며 아이디어를 내 함께 놀아주는 것이 좋습니다.

• **푸드 퍼즐을 이용합니다.**

그릇에 담겨 있는 사료만을 먹는 생활이 계속되면 고양이의 생활은 무료해집니다. 너무 쉽게 먹이를 구할 수 있기 때문입니다. 그러니 먹이를 먹으면서 놀이도 함께 할 수 있도록 푸드 퍼즐을 사용하길 추천합니다. 먹이를 얻기 위해 다양한 길을 찾고 방법을 구하는 것은 고양이의 생활에 활력소가 될 수 있습니다.

• **동거묘보다는 보호자와 함께하는 시간이 더 중요합니다.**

혼자 있는 고양이가 안쓰러워 친구를 만들어 주어야 하는 건 아닐까, 하는 걱정은 대부분의 보호자가 생각하는 고민일 겁니다. 그러나 이미 사람과의 생활에 익숙해져 있는 고양이에게는 반드시 동거묘가 필요한 것은 아닙니다. 어려서부터 같이 자란 고양이들은 평생 좋은 친구가 될 수 있지만, 사회화 시기가 끝난 뒤 만나게 되는 고양이들은 친구나 가족이 된다는 보장이 없습니다. 그러므로 동거묘를 들이는 것보다 '나의 보호자(My Human)'와 짧게라도 함께 보내는 시간이 훨씬 더 소중합니다.

06

노령묘 관리하기

언제부터 노령묘일까

고양이는 7살을 생애 전환기로 보고 이 시기 이후를 중년으로, 9~10살이 넘으면 노령묘라고 봅니다. 물론 고양이의 품종이나 평소 건강 관리, 고양이 각각의 체력 등에 따라 같은 나이임에도 건강 상태와 노화 정도는 다릅니다. 즉 실제 나이와 신체 나이가 항상 같은 것은 아닙니다.

노령묘가 되면 어떤 변화가 생기나

노령묘가 되면 감각적으로 둔해지기 시작합니다. 청각, 시각, 미각에서 모두 미묘하게 변화가 나타나기 시작하는데, 사료 선택이 더 까다로워지고 이전보다 활동량이 줄어듭니다. 이는 근육량의 감소와 노령성 관절염의 영향뿐만 아니라 이전보다 감각이 둔해진 탓도 있습니다. 높은 곳에 올라가다 발을 헛디뎌 떨어지는 경우도 있고, 이전에는 잘 올라가던 자리에 뛰어오르기 위해 여러 번

망설이는 모습도 볼 수 있습니다. 환경 변화에 대한 적응도도 떨어지기 때문에 이전보다 보호자가 옆에 있어주기를 바라는 시간이 길어지기도 합니다. 피부 각질이 많아지고, 발톱 관리가 안 되어 두꺼워진 발톱이 발바닥 패드를 파고드는 경우도 발생할 수 있습니다.

 노령묘를 위한 환경으로 바꿔주기

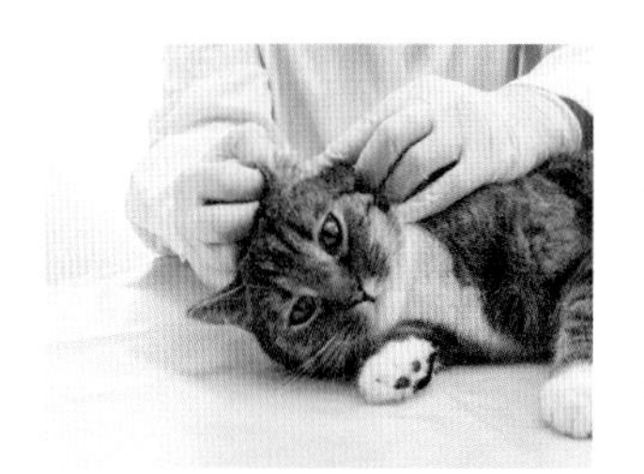

전반적으로 움직이는 높이를 낮춰주고, 바닥을 푹신하게 바꿔주는 방향으로 변화를 줍니다. 캣폴이나 캣타워의 높이와 간격을 조절해서 점프 높이를 낮추고, 방석은 이전보다 1.5배 이상 두껍게 해줍니다. 방석을 2개 겹쳐서 깔아주는 것도 좋습니다. 화장실로 가는 경로도 바꿔줍니다. 사막화 방지를 위해 나무 박스 안에 들어있는 화장실을 사용했다면 밖으로 꺼내 화장실로 들어가는 문턱을 낮춰야 합니다. 10살 이상이 되어 시력이 많이 떨어진 경우에는 화장실이나 잠자리 옆에 수면등을 달아주는 것도 좋습니다. 물그릇은 집안 여러 곳에 준비해서 언제 어디서나 쉽게 물을 마실 수 있도록 합니다.

나이가 들어도 통증 반응을 알아차리기는 여전히 쉽지 않습니다. 어릴 때보다 질병의 진행 속도는 빠르고, 회복 속도는 느려지므로 1년에 2회씩 정기적으로 검진받는 것을 추천합니다.

이별 준비

노령성 만성 질환이 있는 경우, 최우선으로 관리해야 하는 것은 통증입니다. 동물은 죽음이라는 개념을 잘 이해하지 못하므로 몸 상태가 안 좋아지면 외부로부터 공격받을 때와 같은 불안감을 느낍니다. 그래서 어둡고 좁은 곳으로 숨으려 하거나, 익숙했던 공간에서 탈출하려는 행동을 보일 수 있습니다. 이때 고양이의 행동을 방해하지 말고, 숨으려 하는 공간에 새로운 자리를 만들어 주는 것이 좋습니다. 또한 만약의 상황에 대비해 집에서 가까운 곳에 응급 진료가 가능한 동물병원을 알아 두고, 담당 수의사와 장례에 대해 미리 의논하는 것도 좋습니다.

Dr's advice

이별을 앞둔 고양이를 위해 준비해 주세요.

- 장례업체를 선택하고 연락처를 저장해둡니다.
- 고양이를 감쌀 수 있는 큰 타월과 흡수성 패드를 준비합니다.

남은 고양이를 위해 할 일

사람들은 고양이가 아프거나 질병이 말기로 진행되면, 다른 동거묘가 보호자와 같이 서운해하거나 아픈 고양이를 위로하고 보살피는 행동을 보여주기를 기대합니다. 그러나 반대로 고양이들은 죽어가는 동물을 피하고 오히려 스트레스 받는 모습을 보입니다. 이는 동물의 본능으로 매우 당연한 모습이니 사람의 관점에서 해석해선 안 됩니다. 남은 고양이에게 더 중요한 것은 아픈 동거묘가 아니라 보호자의 반응입니다. 고양이의 죽음으로 충격받은 보호자의 반응으로 인해 남은 고양이는 스트레스성 질환이 나타나기도 합니다. 보호자의 펫로스 증후군이 너무 심할 경우, 남은 동거묘를 챙겨줄 가족의 도움이 필요합니다.

Dr's advice

펫로스 증후군(Pet loss syndrome)

반려동물의 죽음으로 나타나는 보호자의 다양한 감정 반응입니다. 슬픔, 상실감, 죄책감, 분리불안 등이 나타날 수 있으며, 신체적 반응이 나타나기도 합니다.

07

동물병원 이용 안내

고양이를 데리고 동물병원에 가는 것을 어려워하는 보호자가 많습니다. 외출에 익숙하지 않은 고양이를 데리고 나가는 것부터 힘든 도전이기 때문입니다. 그래서 어린 고양이 시절 예방 접종과 중성화 수술이 끝나면 동물병원에 발길을 끊게 됩니다. 동물병원에 가는 것은 고양이에게도 힘든 일이며 동물병원의 입장에서도 고양이 진료는 강아지의 진료보다 어려운 점이 많은 게 사실입니다.

보호자	동물병원 진료팀	고양이
이동장에 넣기 힘들다.	진료 중에 다치게 할까 봐 두렵다.	무섭고 불안하다.
고양이와의 신뢰 관계가 깨질까 두렵다.	진료를 위해 준비해야 할 것이 많다.	아프다.
병원에서 고양이의 행동이 창피하다.	진료 시에 필요한 인원이 강아지에 비해 더 많다.	시끄럽다.
병원 직원들이 고양이를 다루는 방식에 화가 난 적이 있다.	검사하기 어렵다.	안 좋은 냄새가 난다.
병원에 다녀오면 동거묘들이 피하거나 괴롭힌다.	검사 시의 스트레스가 검사 결과에 영향을 미치므로 조심스럽다.	바닥이 차갑고 딱딱하다.
내원 트라우마가 고양이 건강에 해로울 것 같다.		보호자의 불안감이 전이된다.

고양이는 원래 단독 사냥을 하는 동물로 아플 때 겉으로 티를 내지 않는 것이 본능입니다. 스스로 증상을 숨기기 때문에 보호자가 이상한 점을 발견했을 때는 이미 질병이 진행되어 있는 경우가 대부분입니다. 증상을 발견했다 하더라도, 긴가민가한 마음에 병원 방문을 망설이다가 치료 시기를 놓치는 경우도 많습니다. 보다 빠르게 질병을 발견하고 치료를 시작할 수 있도록, 고양이의 건강관리를 위해서는 보호자와 고양이, 수의사가 함께 노력해야 합니다.

동물병원 방문을 위해 보호자가 해야 할 일

이동장 훈련하기

가장 먼저 고양이가 이동장을 친숙하고 편안한 공간으로 인식할 수 있도록 훈련을 해야 합니다. 고양이가 이동장을 편안하게 생각하면 동물병원에 방문할 때 외에도 이사나 여행, 혹은 사고나 재난 시에 고양이에게 안심할 수 있는 애착 공간을 제공할 수 있습니다.

※ 제1장. 고양이와 함께 살아가기 〉 03. 어린 고양이의 기본 생활 교육 〉 이동장 훈련(p.27)을 참고하세요.

이동장 훈련이 끝나면 고양이가 차(이동수단)에 익숙해지도록 2차 훈련을 해야 합니다. 이동장 훈련이 끝난 어린 고양이를 차에 태우고 잠시 돌아다니다 집으로 돌아와 간식이나 사료를 먹입니다. 이런 훈련을 반복하면서 고양이에게 차에 타는 일이 불안한 일이 아니고 나쁜 일이 생기지 않는다는 것을 느끼게 해주어야 합니다.

▍세심한 관찰을 통해 평소 증상과 이상 증상 파악하기

질병을 숨기는 것에 능숙한 고양이는 정기적인 건강 체크가 필수입니다. 고양이는 보호자에게도 비밀을 잘 숨긴다는 것을 염두에 두어야 합니다. 고양이가 통증을 느끼거나 아플 때 보이는 미세한 신호를 빨리 알아차리기 위해서는 먼저 고양이의 정상적인 상태를 제대로 파악하고 있어야 합니다.

• 평소 사료 섭취량 파악

사람도 아프면 입맛이 없듯이 고양이도 마찬가지입니다. 고양이는 대부분 자율 급여를 하는 경우가 많지만, 사료 섭취량을 확인하기 위해서는 하루에 횟수를 나눠 제한 급여를 하는 것이 더 좋습니다. 각자의 사정으로 제한 급여가 어렵다면 부득이하게 자율 급여를 하되, 하루 급여량을 정해두는 것이 좋습니다. 그릇이 빌 때마다 채워주면 정확한 사료 섭취량을 파악하기 어렵기 때문입니다. 하루 급여량을 정해서 그 양을 2~3회에 나눠 주는 방식으로 하면, 어느 시기부터 사료를 남기기 시작했는지 알 수 있습니다.

• 평소 급수량 파악

가정에서는 자동급수기(정수기)를 많이 사용하므로 고양이가 하루에 먹는 물의

양이 어느 정도인지 모른다고 하는 경우가 많습니다. 동물용 정수기는 필터를 사용해 먼지나 털을 걸러내는 정도의 단순한 정수기이므로 하루에 한 번 이상은 통째로 물을 갈아주어야 합니다. 그러니 매일 비슷한 시간에 물을 갈아주되, 처음 물을 넣을 때의 양을 측정하고 정수기를 비우면서 남은 물의 양을 측정해보면 대략 하루에 어느 정도 물을 섭취했는지 알 수 있습니다.

• 활동 범위 파악

24시간 따라다니면서 감시할 수 없으므로 고양이의 정확한 활동량을 파악하기는 쉽지 않습니다. 이럴 때는 캣타워의 가장 높은 자리에 간식을 두고, 어느 정도의 속도와 시간이 걸려 올라가는지를 체크해두면 평소와 활동성이 떨어질 때의 차이를 확실히 구별할 수 있습니다. 예를 들어 평소에는 잘 올라가던 의자에 한참을 망설이다가 뛰어오른다면 관절의 불편함을 표현하는 것이므로 고양이의 행동 하나하나를 유심히 살피도록 합니다.

• 배변, 배뇨량 파악

배변량을 파악하는 것은 어렵지 않지만, 배뇨량을 파악하는 것은 굳어진 모래의 크기가 다양하여 조금 어려울 수 있습니다. 이때는 하루에 떠내는 모래를 같은 크기의 비닐봉투에 담아 봉투 전체의 양으로 비교하면 쉽게 배뇨량의 변화를 알 수 있습니다.

• 이상 증상의 관찰

이상 증상이 나타났다면 얼마간의 시간 간격을 두고, 몇 회 반복되는지 파악하는 것이 가장 중요합니다. 평소의 컨디션과 비교하여 얼마나 기운이 없는지, 사료를 언제 먹었는지, 현재 사료나 간식에 식욕을 보이는지를 살펴봐야 합니다.

① 구토와 설사를 하는 경우

30초 이내에 하는 여러 번의 구토와 설사는 1회로 봅니다. 사료를 먹고 시간이 얼마나 지나서 구토와 설사가 나타났는지 파악해 두어야 합니다. 구토의 경우 사진을 찍어서 병원으로 가져오는 것이 도움이 됩니다. 설사나 무른 변은 깨끗한 비닐봉투에 담아서 가져오는 것이 가장 좋지만, 어려운 경우 사진을 찍어오도록 합니다.

② 보행에 이상이 있거나 경련을 일으키는 경우

당황하지 말고 이상 행동을 동영상으로 촬영한 다음 최대한 빨리 고양이와 함께 병원에 방문하는 것이 좋습니다. 행동의 이상이 나타나는 경우 병원에서 동일한 증상을 보여주지 않기 때문에 동영상 촬영이 큰 도움이 됩니다.

③ 피부 질환이나 눈의 이상이 생기는 경우

사진 촬영을 해두는 것이 좋지만 사실 그것만으로는 진료가 어렵습니다. 보다 전문적인 방법으로 자세하게 검사를 해봐야 하므로 빠른 시일 내에 병원에 방문해 수의사의 진료를 받는 것이 좋습니다.

④ 출혈이 있거나, 소변에 혈액이 섞여 나오는 경우

화장실을 계속 들락거리는데 소변의 양이 적거나 소변의 색이 평소와 다르다면 응급인 경우가 많으니 가급적 빨리 병원으로 가야 합니다.

⑤ 개구 호흡을 보이는 경우

입을 벌리고 호흡을 한다면 응급 상황인 경우가 많습니다. 1살 미만의 어린 고양이의 경우 심하게 놀이를 하고 나면 개구 호흡을 보이는 경우가 흔히 있어 이를 응급 상황으로 판단할 필요는 없지만, 개구 호흡의 빈도가 높다면 심장이나 폐에 이상이 없는지 한 번쯤 체크하는 것이 좋습니다. 평소 호흡기나 순환기에 문제가 있는 고양이라면 수면 시 호흡수를 자주 체크해 두어야 합니다. 수면 시 호흡수는 잠들어 있을 때 1분간 호흡을 몇 번 하는지 세어보는 것으로, 호흡수에 급격한 변화가 생긴다면 바로 병원에 방문합니다.

건강 검진 시기

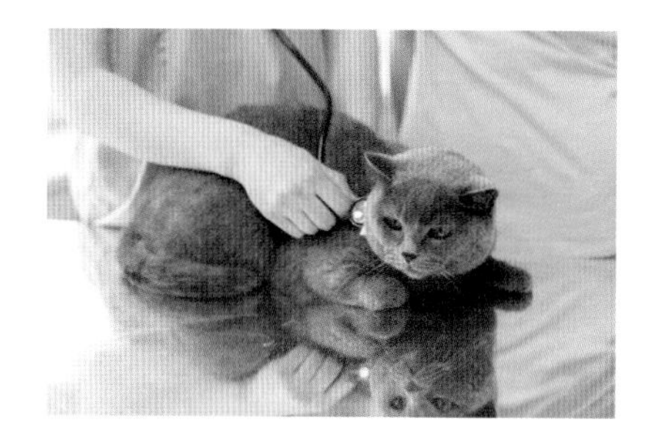

고양이가 아프지 않더라도 정기적으로 건강 검진을 하는 것을 추천합니다. 종합 건강 검진은 2살 이후 2년에 한 번, 7살 생애 전환기를 맞은 이후에는 1년에 한 번씩 받는 것이 좋습니다. 9살 이후가 되면 노령묘에게서 발생할 수 있는 대사성 질환과 심장 질환에 대한 검사를 추가해서 받습니다.

 동물병원에서 흔히 하는 검사들

동물병원에서 하는 검사는 크게 신체 검사, 혈액 검사, 영상 진단 검사, 배양 검사, 신경 기능 검사 등이 있습니다. 이러한 검사들은 각각 세부적으로 다양하게 나뉘고, 필요에 따라 정밀 검사로 깊이 들어가게 됩니다. 동물들은 스스로 증상이나 통증을 설명할 수 없어서, 검사를 통해 확인해야 하는 경우가 많습니다.

아픈 고양이의 기본 상태를 알아보기 위해 흔히 하는 검사는 혈청 화학 검사(Blood serum chemistry), 혈구 검사(CBC), 소변 검사가 있으며 이것을 스크리닝 검사(Screening test) 혹은 일반 프로파일 검사라고 합니다. 스크리닝은 '체로 친다'는 뜻으로, 문제점이 걸러져 나오는지 보기 위해서 하는 기본 검사입니다. 스크리닝 검사에서 의심되는 부분이 나오면 결과와 증상, 병력에 따라 특수 화학 검사, 내분비 검사, 면역학 검사, RT-PCR 검사 등 각종 세부 검사를 진행하게 됩니다. 증상에 따라 영상 진단이 필요한 경우 방사선 촬영(엑스레이), 초음파, CT, MRI, 내시경 같은 검사를 하기도 합니다.

검사 항목에 따른 의심 질환

혈청 화학 검사 항목	나타나는 의심 질환
Albumin	탈수, 출혈, 소화기, 신장 질환, 간 질환
ALKP	간 질환, 담낭 질환, 췌장 질환, 뼈의 성장
ALT	급성 간 손상
AST	간, 신장, 골격근의 손상
Total bilirubin	간 기능 이상, 출혈, 빈혈
BUN	신장 질환, 위장관계 질환, 요로기 폐색, 쇼크, 탈수
Ca	신장 질환, 부신피질호르몬 질환, 종양

Cholesterol	간 질환, 쿠싱, 당뇨
Creatinine	신장 기능 질환
GGT	간, 담낭, 담도계 질환
Globulin	만성 염증, 면역계 질환
Glucose	혈당, 당뇨, 허탈, 코마
Lipase	췌장염
Phosphorus	신장 질환, 갑상선 기능 항진, 출혈 이상
Total protein	탈수 상태 진단, 간, 신장, 전염병 시 상태 진단
Na(sodium)	탈수 상태 진단, 구토, 설사
K(potassium)	신부전, 탈수, 요로기 폐색, 구토, 설사, 과다 배뇨
Cl(chloride)	탈수, 전해질 불균형

좋은 동물병원을 선택하는 기준

어떤 병원을 선택하는 것이 좋은가에 대한 질문을 자주 받습니다. 주로 궁금해하는 부분은 고양이 전문병원을 가야 하는지, 개와 고양이를 같이 보는 동물병원에 가도 되는지, 한눈에 좋은 수의사를 알아볼 수 있는 팁이 있는지 등입니다. 병원이나 수의사의 어떤 특징을 콕 집어 보자마자 알 수 있는 기준을 제시해 주기를 바라시는 것 같습니다만, 제가 추천드리는 동물병원의 선택 기준은 **'보호자가 주치의와 병원의 진료를 신뢰할 수 있는 곳'**입니다.

보호자들은 수의사가 자신의 고양이를 제대로 봐주는 것인지 불안해하지만, 고양이의 건강을 다루는 데에 있어서 수의사는 전문가입니다. 그러므로 보호자가 수의사의 진료에 대해 정확히 평가하는 것은 사실상 불가능합니다. 수의사는 자신의 환자가 잘못되지 않기를 바랍니다. 흔히 말하는 '돈만 밝히는 수의사'라고 해도 환자가 건강을 유지하고 오래 살아야 돈을 더 많이 벌 수 있으므로 최선을 다해 진료할 것입니다. 그러니 이런 부분에 있어서는 안심하고 주치의와 병원을 믿어주셨으면 합니다.

집과 병원이 멀 때는 근처의 다른 동물병원을 추천해 드리기도 하지만 가끔 추천해 드린 병원을 잘 다니지 못하는 경우를 봅니다. 같은 수의사가 볼 때는 진료를 아주 잘 보는 수의사지만, 모든 보호자와 잘 맞는 건 아니라는 사실을 알게 되었습니다. 그래서 병원 선택에 있어서 두 번째로 중요한 점은 **'보호자와 수의사가 얼마나 말이 잘 통하는가'**인 것 같습니다. 수의사와의 의사소통이 원활하지 않으면 점점 수의사의 진료를 믿지 못하게 됩니다. 그러니 보호자들은 여러 병원을 다니면서 믿음이 가는 병원을 찾고, 수의사의 진료를 믿으며 정확하게 의사소통을 하는 것이 가장 좋은 결과를 가져온다는 것을 기억하도록 합니다.

'고양이의 건강관리'라는 목표는 고양이 – 보호자 – 수의사의 팀워크로 이루어집니다. 고양이의 스트레스를 최소화하면서 잘 다루어 주고, 보호자의 마음이 편한 병원을 선택하는 것이 제일 좋은 방법입니다.

제 2 장

증상으로 알아보는 고양이의 질병

01

고양이 기생충에는 어떤 것들이 있나요?

고양이의 장내 기생충 감염은 아주 흔한 일입니다. 보호소 또는 길에서 입양한 고양이 중에서도 발견되며 집에서 키우는 고양이 역시 기생충 감염에 안전하지 않습니다. 기생충에 감염되면 가장 먼저 나타나는 증상은 '설사'입니다. 새로 입양한 고양이가 밥도 잘 먹고 특별한 문제가 없는데도 설사를 한다면 장내 기생충을 의심해 보아야 합니다.

고양이의 장내에 기생하여 문제를 일으키는 기생충은 크게 네 가지로 나눌 수 있습니다. 각각의 기생충에 대해 알아보고 치료법을 확인하며 미리 대비하도록 합니다.

고양이 회충 알아보기

고양이 회충(Toxocara cati)

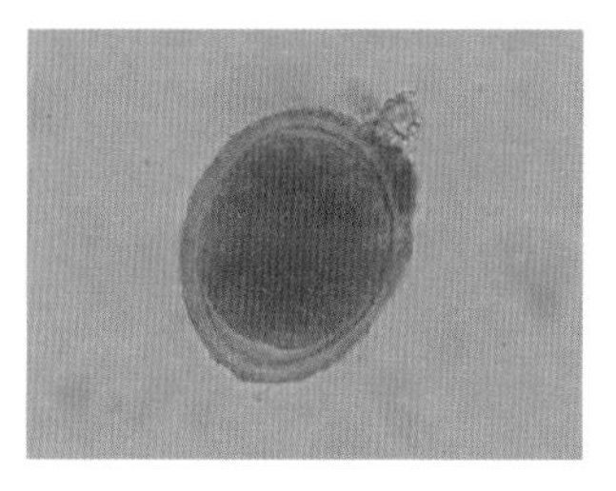
회충의 알

어린 고양이에게서 주로 볼 수 있습니다. 고양이 회충에 감염된 고양이는 유난히 볼록한 배가 특징입니다. 잘 먹는데도 배만 볼록하고 팔다리는 가늘며, 변이나 토사물에서 콩나물 줄기처럼 생긴 기생충이 보이면 고양이 회충에 감염된 것입니다. 대표적인 증상으로는 설사/구토와 같은 소화기 질환이 있으며, 기생충이 간이나 폐로 이동하거나 장을 막으면 위험할 수도 있습니다. 고양이 회충은 사람에게도 감염될 수 있으니, 어린 고양이나 길고양이를 입양하는 경우에는 기초적인 변 검사를 통해 기생충 유무를 확인해 보는 것이 좋습니다.

고양이 회충은 비교적 쉽게 치료되는 기생충입니다. 먹는 구충제나 바르는 구충제를 1주 간격으로 2~3회 정도 먹이거나 바르면 대부분 사라집니다. 증상이 사라지면 변 검사를 통해 한 번 더 확인합니다.

이소스포라 원충(Isospora)

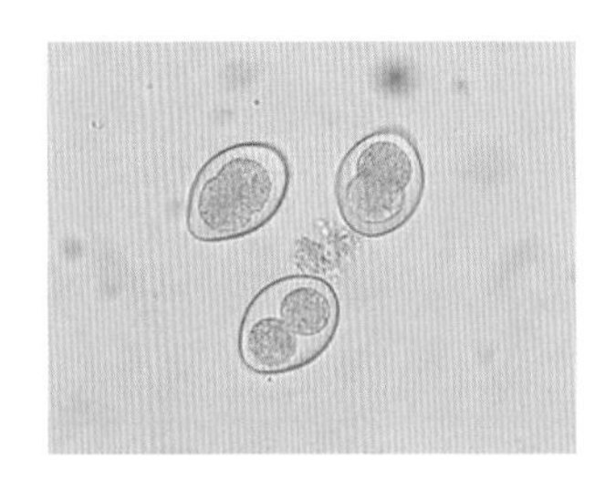
원충의 알

이소스포라 원충은 오염된 환경이나, 출생 직후 어미로부터 감염될 수 있습니다. 6개월 미만의 어린 고양이는 원충에 대한 면역력이 없기 때문에 쉽게 감염되고 기생충의 수도 빠르게 증가합니다. 보호소와 같이 많은 수의 고양이가 있는 장소에서는 더욱 쉽게 전염될 수 있으니 조심합니다. 성인 고양이의 경우 감염되더라도 증상이 일시적이거나 큰 문제가 되지는 않습니다. 하지만 어린 고양이나 쇠약해진 고양이의 경우에는 심한 설사와 구토, 복통 등의 증상을 보일 수 있으니 해당 증상을 보이는 고양이는 변 검사를 통해 감염 여부를 확인합니다.

이소스포라 원충은 약으로 치료할 수 있습니다. 약은 1~3주간 투약해야 하며, 변 검사를 통해 변에서 더이상 기생충 알이 확인되지 않으면 투약을 중단합니다. 치료가 되었다고 해도 안심할 수 없습니다. 오염된 환경이나 다른 동물들의 변을 통해 다시 감염될 수 있으니 화장실은 바로바로 치우고 깨끗이 닦아줍니다. 기생충의 알은 외부 환경이나 소독제에 강하므로 염소계 표백제 또는 스팀을 사용한 청소가 도움이 됩니다. 만약 염소계 표백제를 사용할 경우 냄새가 남아 있지 않도록 주의합니다.

지알디아 원충(Giardia)

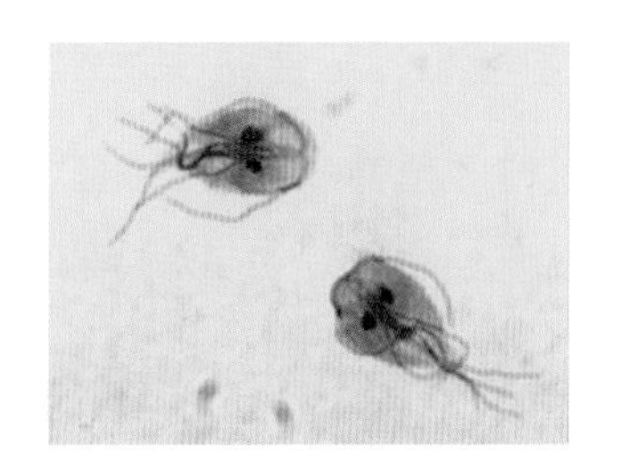
지알디아 원충

지알디아 원충은 단세포 생물입니다. 오염된 물을 먹거나 오염된 환경에서 냄새를 맡다가 코에 묻어 감염되는 경우가 많습니다. 지알디아 원충 역시 고양이가 많은 환경에서 쉽게 전염되는데, 특히 어린 고양이가 감염되었을 경우 변을 통해 더 많은 지알디아 원충을 배출하므로 전염성이 매우 빠릅니다. 지알디아 원충이 있는 고양이는 녹색 설사, 혈액이 섞인 설사, 점액이 있는 설사 등의 증상을 보입니다. 구토가 함께 나타나기도 하며 몇 주 동안 증상이 지속되면 점차 체중이 감소하기도 합니다. 분변 검사를 통해 진단되지만 그렇지 않은 경우도 있으니, 키트 검사를 통해 정확하게 진단해야 합니다. 지알디아 원충은 사람에게도 감염될 수 있으므로 면역력이 약한 사람은 감염된 고양이의 변을 치우지 말아야 하며, 건조한 환경에서 쉽게 죽는 특성이 있으니 가능한 한 건조한 환경을 유지하는 것이 도움이 됩니다.

지알디아 원충의 약은 5~7일간 투약해야 합니다. 치료가 끝나면 2~4주 후에 변 검사 또는 키트 검사를 통해 지알디아 원충이 다 나왔는지 확인합니다. 오염된 환경 내에서는 다시 감염되거나 다른 동물에게 전염시킬 수 있으므로 화장실은 바로바로 치워주고, 털이 긴 고양이의 경우 자주 목욕을 시켜 털에 묻어있을 수 있는 기생충을 제거해 주어야 합니다.

트리코모나스 원충(Trichomonas)

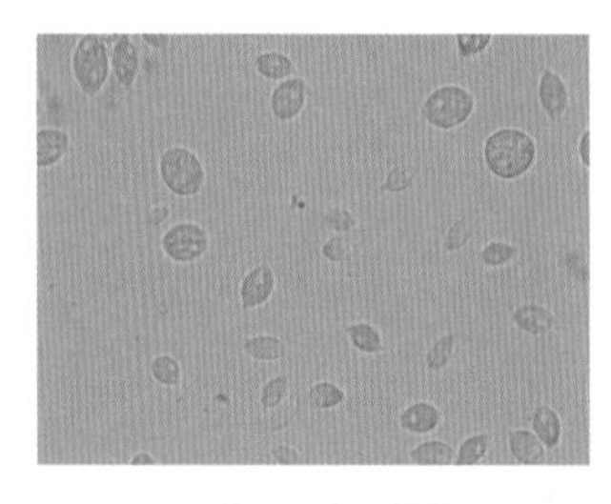
트리코모나스 원충

트리코모나스 원충은 공기가 없어도 살 수 있는 혐기성 단세포 생물로 대장에 기생하며 염증을 일으킵니다. 사람이나 개에게는 거의 전염되지 않지만 다른 고양이에게는 전염시킬 수 있습니다. 간헐적인 설사, 혈액이나 점액이 섞인 변, 항문의 통증이 있을 수 있으며, 어떤 고양이는 항문이 돌출되어 보이기도 합니다. 이런 증상이 보일 경우 분변 검사를 통해 기생충을 확인합니다.

트리코모나스 원충에 감염되면 면역력이 강한 성인 고양이는 스스로 이겨내지만, 면역력이 약한 어린 고양이는 치료를 받아야 합니다. 트리코모나스 원충 약은 2주 정도의 투약 기간이 필요합니다. 투약이 끝난 후에도 설사가 멈추지 않거나 다시 재발하면 트리코모나스 원충에 대해 다시 검사해 보아야 합니다. 만약 트리코모나스 원충이 사라졌는데도 계속 설사를 한다면 지알디아 원충이나 코로나 바이러스 및 세균성 설사일 수도 있습니다. 트리코모나스 원충은 치료가 까다로운 원충이니 치료를 시작하면 보다 정확한 투약이 필요하고 분변도 바로바로 치워 재감염되지 않도록 해야 합니다.

02

구토를 해요

고양이들은 다양한 이유로 구토를 합니다. 사료가 바뀌었거나, 먹지 말아야 할 이물을 먹었거나, 심한 스트레스를 받았거나, 심각한 질병에 걸렸을 때도 구토를 합니다. 같은 구토 증상이라도 각각의 경우마다 구토의 양상은 조금씩 다릅니다.

고양이 구토의 종류

	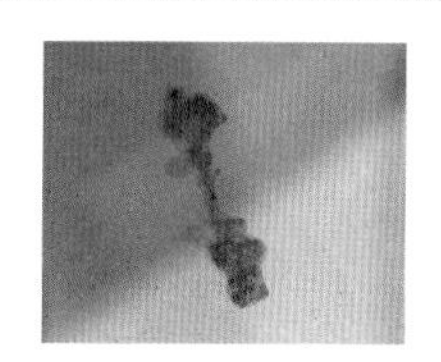
가장 흔한 형태의 구토 (소화가 진행되어 죽 같은 형태)	위액 구토

소화가 안 된 사료 구토
(급하게 먹거나 밥 먹고 바로 심한 운동을 했을 때)

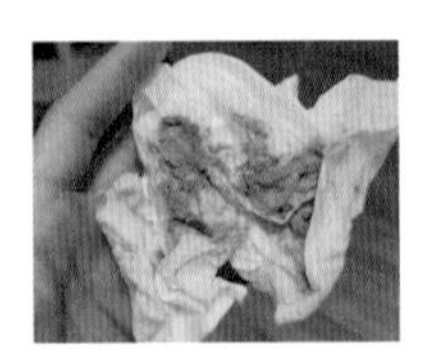

고양이 헤어볼 + 소화가 진행 중인 구토

소화가 진행 중인 구토

소화가 된 묽은 구토

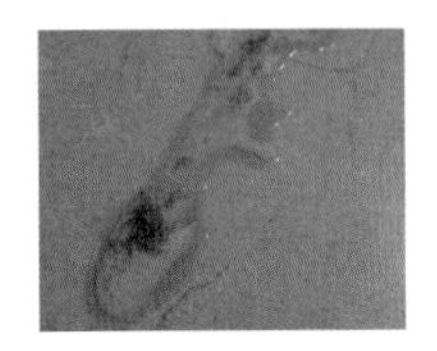

흰 거품 구토
(주로 공복에 하는 구토 + 헤어볼 섞임)

 나이에 따른 구토의 원인

어린 고양이

- **기생충 질환** : 기생충 감염이 심한 경우 구토할 수 있으며 토사물에서 기생충이 보이기도 합니다.
- **바이러스성 질환** : 범백혈구 감소증과 같은 바이러스성 질환에 걸리면 구토와 함께 식욕 부진 및 설사 증상이 함께 보일 수 있습니다.
- **식이 관련 구토** : 과식을 하거나 사료를 먹고 바로 격한 운동을 하면 사료 형태 그대로 토하기도 합니다. 또는 입양 후 갑자기 바뀐 사료 때문에 구토를 하는 경우도 있습니다.

Dr's advice

어린 고양이의 식이 관련 구토

식이 관련 구토는 구토 후 컨디션에는 별다른 문제가 없습니다. 심지어 토해놓은 사료를 바로 먹으려 하기도 합니다. 급하게 먹어서 생긴 문제인 경우 푸드 토이를 이용하거나 쟁반에 사료를 뿌려주어 먹는 속도를 조절해 줍니다. 바뀐 사료가 문제라면 적응 기간을 두어 천천히 먹이거나 여러 사료를 조금씩 먹이며 고양이에게 맞는 사료를 찾아주는 게 좋습니다.

성묘 / 노묘

- **헤어볼로 인한 구토** : 고양이가 그루밍을 하면서 섭취한 털이 위에서 뭉친 것을 헤어볼이라고 합니다. 털은 소화가 되지 않기 때문에 위에 털이 어느 정도 쌓이면 밖으로 토해놓습니다. 헤어볼을 토하는 것은 건강에 크게 문제가 있는 것이 아니며, 오히려 토하지 못했을 경우 드물게 장을 막아 수술을 통해 제거해야 할 수도 있습니다. 헤어볼은 동그란 공 모양이 아니라 길쭉한 모양입니다. 얼핏 보기에 변처럼 보이기도 하는데 식도를 통과하면서 길어졌기 때문입니다. 헤어볼로 인한 구토가 걱정된다면 헤어볼 제거제 또는 헤어볼 간식이나 사료를 섭취하여 관리할 수 있습니다.
- **이물 섭취로 인한 구토** : 이물 섭취로 인한 구토는 지속적인 경우가 많고 이물을 제거해야만 멈출 수 있습니다. 고양이가 삼킨 이물의 종류에 따라 위험성이 다르니 억지로 빼내려 하지 말고 동물병원으로 내원하는 것이 좋습니다.

Dr's advice

먹지 말아야 할 이물을 먹은 경우 : 끈 이물

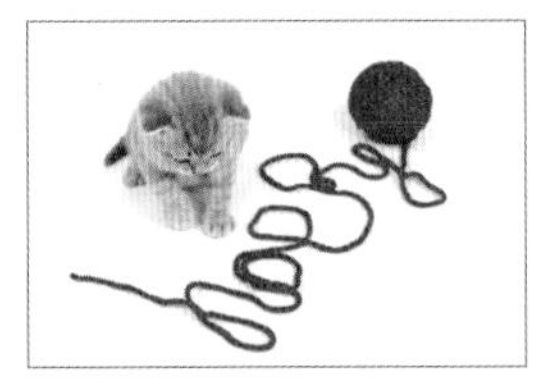

고양이가 먹는 이물 중 가장 흔한 것이 끈 형태의 이물입니다. 간혹 항문에서 끈이 보이는 경우가 있는데, 제거하겠다며 잡아당겨서는 절대로 안 됩니다. 항문으로 나온 끈은 장 내부와 연결되어 있을 수 있으므로 자칫하면 장에 손상을 주게 됩니다.

- **스트레스로 인한 구토** : 낯선 곳으로의 이사, 새로운 식구의 등장, 집 주변의 공사로 인한 지속적인 소음은 스트레스성 구토의 원인으로 작용합니다. 구토가 있기 전에 고양이가 스트레스를 받을 만한 상황이 있었는지 확인합니다. 스트레스의 원인이 사라지면 구토도 함께 사라지지만, 원인을 없앨 수 없다면 구토에 대한 치료를 받아야 합니다.
- **신부전으로 인한 구토** : 식욕이 줄고 간헐적인 구토를 보입니다. 심각하게 보이지 않을 수 있지만, 6세 이후의 고양이가 별다른 이유 없이 간헐적인 구토를 보인다면 신부전일 가능성이 있으니 검진을 받아보아야 합니다.
- **췌장염으로 인한 구토** : 식욕 부진과 함께 복통 및 구토가 있다면 췌장염을 의심해 볼 수 있습니다. 췌장염은 구토보다는 식욕 부진 증상이 더 흔합니다. 고양이가 갑자기 음식을 잘 먹지 않고 간헐적으로 구토를 한다면 췌장에 대한 검사가 필요합니다.
- **염증성 장 질환(IBD)으로 인한 구토** : 만성적인 구토 또는 설사, 식욕 부진, 체중 감소 등의 증상이 나타납니다. 위 또는 십이지장 부위에 염증이 생기면 구토 증상을 보이게 됩니다.

Dr's advice

이럴 때는 바로 병원으로 가세요.

- 어린 고양이의 구토(식이성 구토가 의심되어도 어린 고양이는 진찰이 필요합니다.)
- 성묘의 경우 1일 2회 이상의 구토 또는 일주일 동안 3회 이상의 구토
- 혈액이 섞인 구토
- 설사/식욕 부진이 동반된 구토

구토 증상의 검사

구토의 원인을 밝혀내기 위해서는 다양한 검사가 필요합니다. 특히 어린 고양이라면 전염병과 기생충에 취약하기 때문에 반드시 검사해야 합니다. 잘 놀고 잘 먹다가도 구토를 한다면 환경과 식이에 대해 점검해야 합니다. 건강한 고양이의 갑작스러운 구토와 식욕 부진은 이물이나 췌장염에 대한 검사가 필요하고, 나이 든 고양이의 만성적인 구토와 식욕 부진은 신부전이나 염증성 장염에 대한 조금 더 전문적이고 많은 검사가 필요합니다.

검사의 종류

- **기생충 질환** : 변 검사, 키트 검사
- **바이러스성 질환** : 키트 검사, 혈액 검사
- **식이 관련 구토** : 제한 식이, 푸드 토이 사용

※ **제한 식이** : 새로운 단백질이나 가수분해 단백질을 사용한 사료로 교체 후 반응을 보는 것입니다.

• **이물로 인한 구토** : 방사선, 초음파, 조영 촬영

※ **조영 촬영** : 부드러운 이물은 일반 방사선이나 초음파에서 잘 보이지 않는 경우가 많습니다. 조영 촬영은 방사선에 잘 보이는 조영제를 먹인 뒤 소화기 내의 이물을 찾는 검사 방법으로 부드러운 이물도 충분히 확인할 수 있습니다.

• **스트레스로 인한 구토** : 검사에서 특별한 이상이 없고 최근에 스트레스를 받을 만한 일이 있었다면 스트레스성 구토로 진단할 수 있습니다.

※ 나이가 든 고양이의 경우 스트레스 요인이 뚜렷하더라도 검사 없이 스트레스성 구토로 단정 짓는 것은 위험합니다. 다양한 검사를 통해 이상 유무를 반드시 확인하도록 합니다.

• **신부전으로 의한 구토** : 혈액 검사, SDMA 검사, 요 검사, 방사선, 초음파 검사, 호르몬 검사

※ SDMA 검사는 신부전을 비교적 초기에 발견할 수 있는 검사입니다.

• **췌장염으로 인한 구토** : 혈액 검사, 췌장염 키트 검사, 초음파 검사

• **염증성 장 질환으로 인한 구토** : 변 검사, 혈액 검사, FIV/FeLV 검사, 췌장효소 검사, 방사선, 초음파 검사

Dr's advice

구토 전후에 보호자가 할 일!

- 어린 고양이를 입양하는 경우에는 반드시 기본 검진을 받도록 합니다.
- 어린 고양이는 호기심이 많으니 가지고 놀다가 삼킬 수 있는 물건은 치워둡니다.
- 사료 종류를 바꿀 때는 이전 사료와 새로운 사료를 섞어서 급여해 적응 단계를 거치도록 합니다.
- 구토의 형태와 횟수를 사진으로 찍고 기록하여 수의사에게 전달합니다.
- 구토 전후에 생활 환경이나 음식에 변화가 있었는지 파악해 봅니다.
- 구토를 계속하면 탈수가 올 수 있으므로 입원 치료를 고려합니다.
- 헤어볼을 지속적으로 토하는 고양이는 적극적으로 헤어볼 관리를 해줍니다.
- 나이 든 고양이의 간헐적인 구토는 만성 질환의 증상일 수 있습니다. 가볍게 넘기지 말고 검사해 보는 것이 좋습니다.

03 설사를 해요

나이와 관계없이 고양이가 설사를 하는 경우에는 항상 보호자의 주의와 관찰이 필요합니다. 고양이의 변을 관찰하기 전에 정상적인 변이 무엇인지 알아두어야 합니다. 아래의 표를 살펴봅시다.

고양이 변의 종류

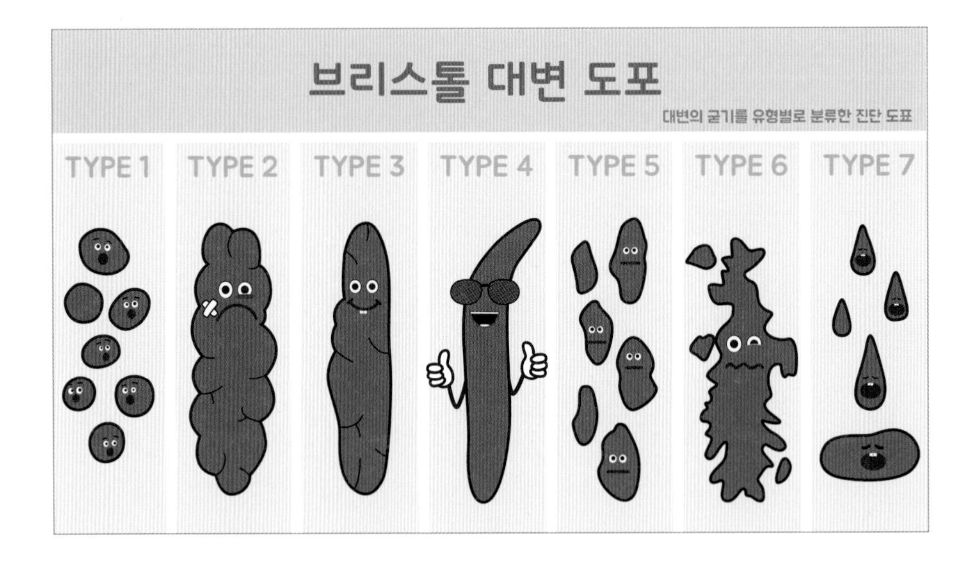

TYPE	형태	결과
TYPE 1	딱딱하고 작은 덩어리로 변을 보기 힘들어합니다.	심한 변비
TYPE 2	소시지 형태지만 표면에 덩어리가 많습니다.	변비
TYPE 3	소시지 모양에 덩어리는 없지만 울퉁불퉁합니다.	정상
TYPE 4	매끈한 소시지 모양입니다.	정상
TYPE 5	물기가 많고 경계가 있는 덩어리 변입니다.	섬유소 부족
TYPE 6	경계가 없고 죽처럼 나오는 변입니다.	염증
TYPE 7	물처럼 나오는 변입니다.	염증

우리가 흔히 '맛동산'이라고 부르는 단단한 변보다 좀 더 매끈하고 부드러운 변도 정상 변에 속합니다. 다만 모양이 잘 잡혀 있는 변이라도 변 끝에 점액이 섞여 있거나, 끝이 물러진다면 주의해서 살펴봐야 합니다. 정상 범위에서 벗어난 증상이 2~3일간 지속되면 진료를 받는 것이 좋습니다.

 나이에 따른 설사의 원인

어린 고양이

- **기생충 질환** : 면역력이 약한 어린 고양이는 회충이나 원충과 같은 소화기 기생충에 쉽게 감염될 수 있습니다.
- **바이러스성 질환** : 바이러스성 질환에 걸리면 설사를 심하게 하는 경우가 많습니다.
- **식이 관련 설사** : 과식을 하거나 사료를 갑자기 바꾼 경우, 소화가 잘 안 되는 간식을 먹은 경우에 설사를 할 수 있습니다.

Dr's advice

어린 고양이의 식이 관련 설사

식이 관련 설사는 이전 사료로 돌아가거나, 사료 급여량을 줄이면 다시 정상으로 돌아오는 경우가 많습니다.

성묘 / 노묘

- **이물 섭취로 인한 설사** : 먹지 말아야 할 음식이나 물건을 먹어서 나타나는 설사입니다.
- **췌장염으로 인한 설사** : 식욕 부진과 구토가 동반된 설사라면 췌장에 문제가 없는지 꼭 확인해야 합니다.
- **염증성 장 질환(IBD)으로 인한 설사** : 소화기 하부에 문제가 있는 경우 혈변과 점액변을 볼 수 있습니다. 또한 눈에 띄게 체중이 줄었다면 의심해 보아야 합니다.
- **장 기능 저하로 인한 설사** : 선천적으로 장 기능이 약해서 설사를 하는 경우입니다.
- **세균성 설사** : 캠필로박터(Campylobacter), 클로스트리디움(Clostridium), 살모넬라균(Salmonella) 등으로 인한 설사를 말합니다. 감염된 음식이나 생식에 의해서 나타날 수 있습니다.
- **스트레스로 인한 설사** : 고양이는 변화에 민감한 동물입니다. 사소한 변화에도 스트레스를 받고 설사를 할 수 있습니다.

- **호르몬 질환으로 인한 설사** : 노령의 고양이는 갑상선 기능 항진증과 같은 호르몬 질환으로 설사를 할 수 있습니다.
- **급성 질환으로 인한 설사** : 신장병, 간 관련 질환 등의 질병에서 설사가 나타나기도 합니다.
- **만성 질환으로 인한 설사** : 신부전, 간담도계 질환이 만성화되면서 설사 증상이 나타나는 경우도 있습니다.

Dr's advice

이럴 때는 바로 병원으로 가세요.

- 어린 고양이의 설사
- 성묘의 경우 2일 이상 지속되는 설사
- 혈액이 섞인 설사
- 구토/식욕 부진이 동반된 설사

 설사 증상의 검사

설사는 다양한 질병에서 나타나는 증상입니다. 위장관과 관련된 증상부터 전염병이나 대사성 질환과 관련된 증상까지 거의 모든 상황에서 나타날 수 있으므로, 고양이의 상태 변화와 환경에 대해 보호자의 세심한 관찰이 반드시 필요합니다. 비슷한 증상이라 하더라도 보호자의 관찰 상황에 따라 검사의 방향이 달라지기도 하므로, 객관적이고 냉철하게 관찰하는 것이 중요합니다. 검사의 종류와 범위는 고양이의 나이, 병력 및 주요 증상과 활력 상태, 보호자의 관찰 기록 등을 바탕으로 정해집니다.

검사의 종류

- **기생충 질환** : 변 검사, 키트 검사
- **바이러스성 질환** : 키트 검사, 혈액 검사
- **식이 관련 설사** : 제한 식이
- **이물로 인한 설사** : 방사선, 초음파, 조영 촬영
- **췌장염으로 인한 설사** : 혈액 검사, 췌장염 키트 검사, 초음파 검사
- **염증성 장 질환으로 인한 설사** : 변 검사, 혈액 검사, FIV/FeLV 검사, 췌장 효소 검사, 방사선, 초음파 검사
- **세균성 설사** : 변 검사, 분변 도말검사
- **호르몬 질환으로 인한 설사** : 혈액 검사, 갑상선 호르몬 검사, 초음파 검사
- **만성 질환으로 인한 설사** : 혈액 검사, SDMA 검사, 요 검사, 방사선, 초음파 검사

Dr's advice

만성 설사를 보이는 고양이의 관리

- 사료 교체
- 스트레스 줄이기
- 유산균(프로바이오틱스) 먹이기

Dr's advice

설사 전후에 보호자가 할 일!

- 어린 고양이를 입양하는 경우에는 반드시 기본 검진을 받도록 합니다.
- 사료 종류를 바꿀 때는 이전 사료와 새로운 사료를 섞어서 급여해 적응 단계를 거치도록 합니다.
- 새로운 간식을 줄 때는 한 번에 한 가지씩 시도합니다.
- 설사의 형태와 횟수를 사진으로 찍고 기록하여 수의사에게 전달합니다.
- 설사의 전후에 생활 환경이나 음식에 변화가 있었는지 파악해 봅니다.
- 집안 정리를 통해 고양이가 이물을 먹는 일이 없도록 관리합니다.
- 설사가 지속되면 탈수가 올 수 있으므로 물 급여에 신경 씁니다.
- 다른 문제가 없어 보이는 가벼운 설사라면, 한두 끼 정도는 사료를 물에 불려 1/2 분량만 급여하거나 처방용 캔을 먹이는 것만으로도 충분히 좋아질 수 있습니다.
- 검사에서 이상이 발견되지 않았는데 고양이가 계속 설사를 한다면 유산균과 처방 식이가 도움이 될 수 있습니다.

04

변비에 걸려 변을 보지 못해요

알게 모르게 변비로 고통받는 고양이의 수가 적지 않습니다. 정상적인 고양이는 매일 변을 보는데, 이 간격이 벌어지고 한 번에 보는 변의 양도 줄어든다면 변비가 시작되고 있을 수 있습니다. 3일 동안 전혀 변을 보지 못한다면 변비로 보고 병원을 방문해야 합니다. 보호자와 고양이 모두의 삶의 질을 떨어뜨리는 변비. 변비는 왜 생기고 어떻게 관리해야 할까요?

변비의 원인

건조한 사료를 먹는 고양이는 변비에 걸릴 확률이 높습니다. 고양이의 변은 물기가 적당히 있고 말랑말랑해야 합니다. 하지만 체내 수분이 부족하거나 대장에서 변이 너무 오래 머무르게 되면 수분을 뺏기면서 변이 단단해져 결국 변비를 유발하게 됩니다. 고양이에게 변비를 유발하는 이유는 세 가지로 분류됩니다.

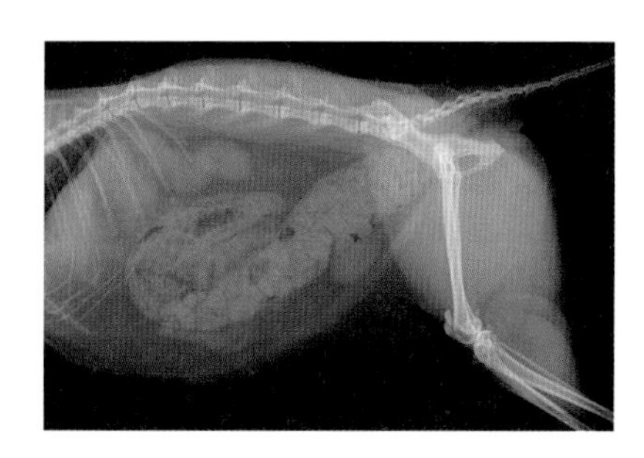
변비에 걸린 고양이의 장

① **장운동의 저하로 인한 경우**

- 스트레스, 불안
- 염증성 장 질환(IBD)
- 음식 알레르기

② **질병에 따른 경우**

- 신부전, 당뇨, 갑상선 기능 항진증
- 항문낭 파열로 인한 배변 시의 통증
- 관절염으로 인한 화장실 이용 시 불편함

③ **변이 대장에 너무 오랫동안 머무르는 경우**

- 비만
- 다른 동물과의 다툼으로 화장실 이용이 불편함
- 화장실이 마음에 들지 않아 이용하지 않음(크기, 장소, 모래)

 변비의 증상

변비가 있는 고양이의 변은 단단하고 물기가 적습니다. 물기가 적기 때문에 모래도 덜 달라붙고 크기도 작은 경우가 많습니다. 시원하게 변을 보지 못하며, 힘을 주며 나오다가 화장실 밖에 변을 떨어뜨리기도 합니다. 또 한번에 변을 보지 못하고 화장실을 들락날락하며 변을 볼 때 괴로운 듯 큰 소리로 울기도 합니다.

이런 증상은 소변을 보지 못할 때도 비슷하므로 소변이 문제인지 대변이 문제인지 구분해야 합니다. 화장실을 치울 때 소변 덩어리의 크기가 평소와 같다면 소변의 문제는 아닙니다. 변비가 있는 고양이는 구역, 구토, 식욕 부진 등의 증상을 보일 수 있으며, 몸이 무거워서 점프하지 못하거나 걸음걸이가 뻣뻣해 보이고 배가 아파서 구석으로 숨기도 합니다.

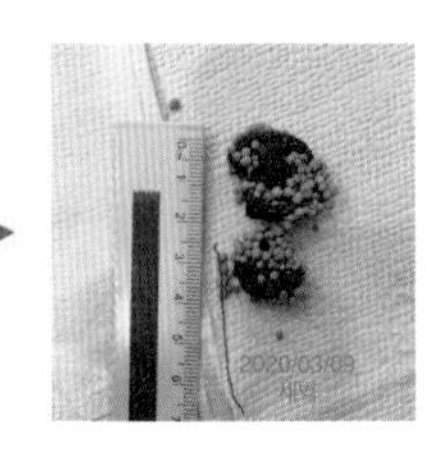

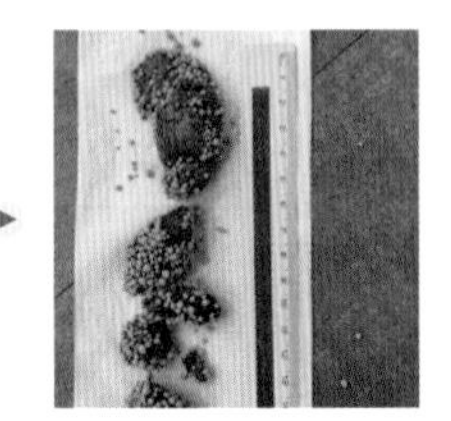

변비에 걸린 고양이의 변이 조금씩 나아지는 과정

변비의 예방 및 관리

변비가 심하다면 본격적인 치료에 들어가기 전에 관장을 먼저 해야 합니다. 변이 장에 오래 머무르면 장의 기능을 점차 떨어뜨려 변비는 물론 만성적인 장 질환이 생길 수 있으므로 관장은 꼭 필요한 치료 과정입니다. 사람이 사용하는 관장약은 고양이에게 매우 위험하므로 당연히 고양이 전용 관장약을 사용해야 하는데, 관장은 사람에게도 그렇듯 고양이에게도 힘든 과정입니다. 변비가 심해지면 어쩔 수 없지만, 그 전에 집에서 미리 관리한다면 관장을 하지 않아도 충분히 변비를 해결할 수 있습니다.

집에서 하는 변비 예방법

• **음수량 늘리기** : 수분 공급은 변비 관리의 핵심입니다. 물을 많이 마시게 하여 체내의 수분 함량을 높이면 배변 활동도 원활해집니다.

Dr's advice

고양이 음수량 늘리기

1. 물그릇을 여러 군데에 놓아둡니다.
2. 고양이용 정수기를 설치합니다.
3. 물그릇에 장난감을 띄워 놓습니다.
4. 밥을 물에 말아줍니다.

음수량을 늘릴 때 우선으로 생각해야 하는 것은 깨끗한 물의 공급입니다. 고양이는 오래된 물은 먹지 않으니 물을 자주 갈아주어 깨끗한 상태를 유지하도록 합니다. 또한 고양이들은 각자 자신들이 좋아하는 물 먹는 방식이 있으므로, 한 가지 방법만 고집하기보다는 여러 방법을 시도하여 고양이가 가장 좋아하는 방식을 찾아내도록 합니다.

• **변비용 사료로 바꾸기** : 습식 사료 또는 변비용 사료도 도움이 됩니다.

• **체중 줄이기** : 비만은 변비의 주요한 원인 중 하나입니다. 식이 관리로 체중을 줄여주는 것은 변비의 장기적인 관리에 있어서 매우 중요합니다.

• **더 많이 놀아주기** : 더 많이 움직이고 더 열심히 활동하면 더 많은 물을 섭취하게 됩니다. 또한 불안이나 스트레스의 감소에도 도움이 됩니다.

• **화장실 점검** : 화장실 사용에 문제가 없는지 확인합니다. 화장실의 위치, 개수, 크기, 모래의 종류 중에 원인이 있을 수 있습니다. 이유를 찾을 때까지 여러 방식으로 시도해서 알아보도록 합니다.

- **프로바이오틱스 급여** : 프로바이오틱스(Probiotics)는 장 건강에 도움을 주는 유산균으로 변비로 고생하는 고양이에게도 유용합니다. 단, 섬유소의 경우 고양이에 따라 오히려 안 좋을 수도 있으므로 수의사와의 상담을 통해 신중하게 사용해야 합니다.
- **완하제의 사용** : 완하제는 일시적으로 변을 무르게 만들고 자주 배설하게 만드는 약제입니다. 완하제를 사용하면 단기적으로 빠른 효과를 볼 수 있습니다. 단, 경우에 따라 설사를 하거나 만성 질환이 있는 경우 탈수를 유발할 수 있으므로 수의사와의 상담을 통해 사용해야 합니다.

Dr's advice

치료 중에는 보호자의 노력도 필요합니다.

변비는 치료도 중요하지만, 원인을 알아내어 교정하는 것도 중요합니다. 원인이 그대로 있으면 백번 치료해도 다시 돌아갈 수밖에 없기 때문입니다. 다시 변비에 걸리는 원인 중에는 보호자의 잘못된 양육 방식도 포함됩니다. 변비인 고양이 중에는 유독 비만인 경우가 많습니다. 내 아이에게 좋고 맛있는 것만 먹이고 싶은 마음에 건강과는 관계없이 영양 불균형의 음식만 주어 비만에 이르게 되는 겁니다. 간혹 변비 치료 중에 식이를 교체하면 잘 먹지 않는 고양이가 있는데, 이때 고양이가 한 끼만 제대로 먹지 않아도 안타까움에 눈물을 훔치며 마음대로 다른 음식을 주는 보호자가 있습니다. 하지만 이런 행동은 고양이에게 전혀 도움이 되지 않으며 오히려 다시 문제를 일으키는 원인이 됩니다. 치료는 수의사만 하는 것이 아닙니다. 보호자와 수의사, 그리고 고양이 모두가 함께 하는 것이니 수의사의 처방에 따라 다함께 노력하는 것이 중요합니다.

05 

고양이가 이물을 섭취했어요

호기심이 왕성한 고양이는 보호자들의 생각보다 훨씬 더 쉽게 이물을 삼킵니다. 휴지, 비닐, 작은 고무 조각이나 실까지 다양한 물건들이 고양이의 호기심을 자극합니다. 대부분은 이물의 크기가 작아 큰 문제 없이 장을 지나 변으로 나오지만, 간혹 이물이 장을 막아 위험한 상황이 생기기도 합니다. 특히 끈이나 실과 같이 길이가 긴 이물은 장의 움직임을 방해하여 심각한 문제를 유발합니다.

 고양이가 이물을 섭취했다면 이렇게 하세요

• 부드럽고 작은 이물일 경우

섭취한 이물은 대개 24~48시간 이내에 변으로 나옵니다. 고양이가 특별히 이상 증세를 보이지 않는다면 이물 섭취 후 나온 변을 확인합니다. 대부분 변에서 이물을 확인할 수 있습니다.

• 날카로운 이물일 경우

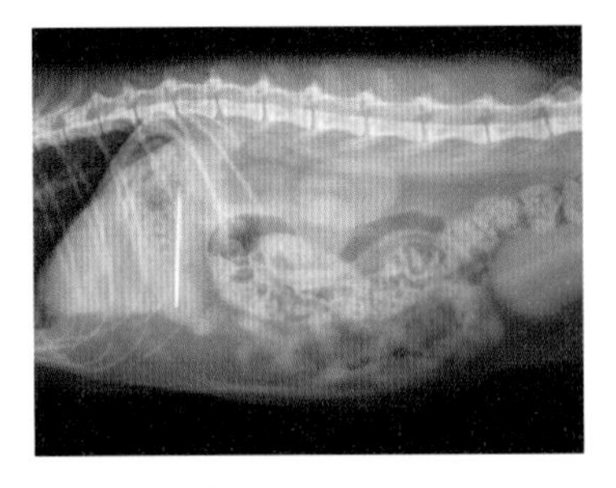

바늘을 삼킨 고양이

날카로운 이물은 장에 상처를 내거나 심할 경우 구멍을 낼 수도 있어서 아주 위험합니다. 날카로운 이물을 먹는 것을 확인했다면 바로 내시경이 있는 병원으로 데려가서 제거를 해야 합니다. 괜찮을 거라는 기대를 하면서 기다리기보다는 바로 제거하는 것이 훨씬 안전합니다. 의심은 되지만 확실하지 않다면 조금 지켜보면서 이상 증상이 있는지를 확인해 봅니다. 유심히 관찰하다가 식욕이 줄거나 구토, 설사 등의 증상을 보인다면 바로 병원에 데려가서 확인합니다. 이 경우 내시경으로는 어렵고 제거 수술을 해야 할 가능성이 높습니다.

• 끈 이물일 경우

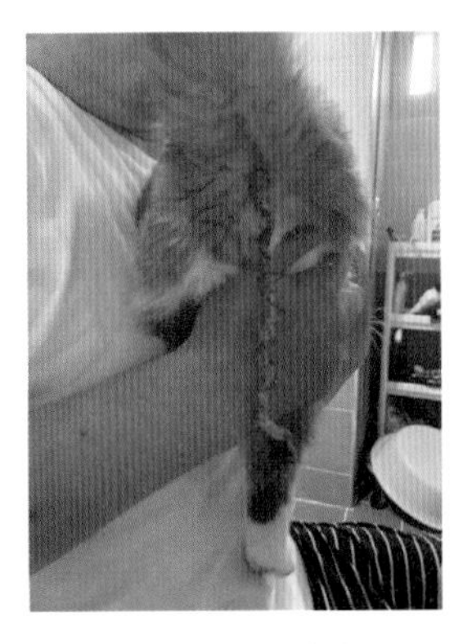

끈을 삼킨 고양이

끈 이물은 입에서 발견되기도 하고 항문에서 발견되기도 합니다. 하지만 어떤 경우라도 절대로 잡아당겨서는 안 됩니다. 끈 이물이 장까지 연결되어 있는 경우 힘으로 잡아당기다가 장에 심각한 손상을 줄 수 있기 때문입니다. 끈 이물을 발견했다면 빠르게 병원으로 데려가서 적절한 조치를 받도록 합니다.

이물 섭취 고양이의 증상

- 구토 / 구역질
- 설사
- 식욕 부진
- 복통
- 변을 보려는 자세를 계속함
- 기운이 없고 구석으로 들어가 숨음
- 예민해짐(들어 올리려고 할 때 물거나 하악질을 함)

이물 섭취 고양이의 치료

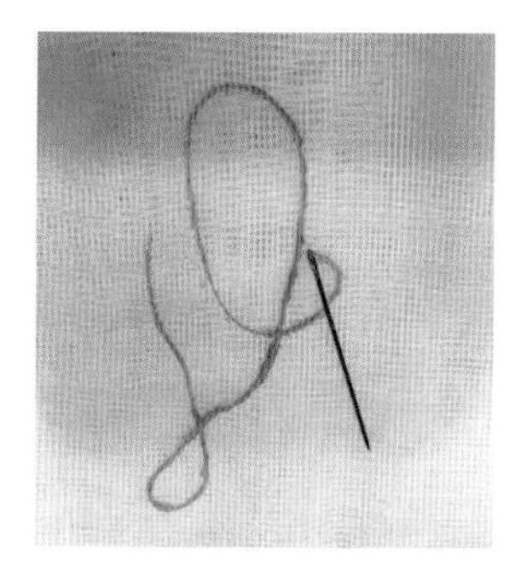

수술로 제거한 바늘 달린 실

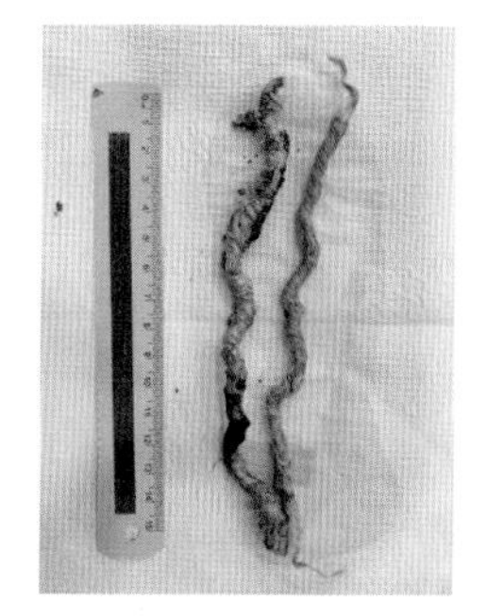

수술로 제거한 끈

부드러운 이물이 문제를 일으키지 않고 변으로 나온다면 가장 좋은 일이지만, 이물이 장을 막거나 장에 구멍을 낸다면 심각한 문제를 유발하게 됩니다. 그러니 이물 섭취를 목격했다면 가능한 한 빨리 내시경이 가능한 병원을 찾아 제거해야 합니다. 내시경을 통한 제거의 장점은 회복이 빠르다는 것입니다. 제거 후 즉시 회복이 가능하고 이후에 처치도 거의 필요 없습니다. 하지만 내시경을 이용한 제거는 이물이 위장 내에 머무르고 있는 경우에만 가능한 것으로, 이물이 장으로 넘어갔거나 장을 막은 경우에는 수술을 통해 제거해야 합니다. 수술을 하게 되면 입원과 통원 치료가 필요하며, 고양이의 상태나 이물의 종류에 따라 치료 기간이 달라질 수 있습니다.

 이물 섭취 고양이의 예방 및 관리

이물 섭취는 고양이에게 종종 있는 일입니다. 대부분은 문제없이 지나가지만, 그래도 처음부터 고양이가 이물을 삼키지 않는 환경을 만들어 주는 것이 필요합니다. 평소에 주변 정리를 신경 써서 하여 고양이가 관심을 가질 만한 작은 소품들은 미리미리 치워둡니다.

한 번 정도는 이물을 섭취할 수 있지만, 여러 번 반복해서 섭취해 문제를 일으킨다면 단순한 호기심이 아닐 수도 있습니다. 고양이가 이물을 섭취할 수 없도록 주변을 깨끗하게 정리했으나 계속 이물을 삼킨다면 질병에 의한 이물 섭취가 아닌지도 생각해 보아야 합니다. 예를 들어 강박 장애가 있는 고양이의 경우 쉽게 이물을 섭취합니다. 이물을 먹는 것과 별개로 천을 씹고 빠는 등의 행동을 반복적이고 규칙적으로 보인다면 강박 장애에 대한 치료를 먼저 진행하고 이후에 이물 섭취를 계속하는지 확인합니다.

06

구토와 설사를 하고 살이 자꾸 빠져요 : 염증성 장 질환(IBD)

고양이 염증성 장 질환(Inflammatory bowel disease : IBD)은 고양이의 장에 생기는 만성적인 염증을 말합니다. 제때 치료하지 않으면 염증이 종양으로 발전할 수 있으므로 초기에 치료하는 것이 굉장히 중요합니다. 염증성 장 질환은 위, 소장, 대장 어느 부위에나 발생할 수 있습니다. 위 또는 십이지장에 생기면 구토 증상을 주로 보이고, 소장이나 대장에 생기면 설사 증상을 주로 보입니다.

염증성 장 질환의 원인

- **음식** : 대부분의 고양이가 먹고 있는 사료에는 곡물이 많이 함유되어 있습니다. 사료의 곡물 성분이 지속적으로 장을 자극할 경우 염증성 장 질환으로 발전할 수 있습니다. 사료에 쓰이는 일부 방부제 성분이 문제를 일으킨다는 의견도 있습니다.

- **알레르기** : 알레르기를 유발하는 사료를 지속적으로 먹으면 알레르기 반응으로 인해 염증성 장 질환이 발생할 수 있습니다.
- **스트레스** : 사람이건 동물이건 스트레스는 만병의 근원입니다. 스트레스 호르몬은 고양이의 내부 점막에 영향을 미쳐 염증을 유발하기도 하므로, 만성적인 스트레스는 점막의 만성적인 염증을 유발합니다.
- **장내 기생충** : 장내의 기생충이 바로 치료되지 않고 오랫동안 장에 머물면 염증성 장 질환이 발생하기도 합니다.
- **장내 세균 증식** : 장에는 소화를 담당하는 세균들이 많습니다. 그중에 유익한 세균이 줄고 유해한 세균이 많아지면 장내 균형이 깨지면서 장염이 발생하게 됩니다.

염증성 장 질환의 증상

눈에 확연히 나타나는 특징이 없어서 어느 순간 고양이의 체중이 확 줄 때까지 전혀 눈치채지 못할 가능성이 큽니다. 하지만 염증성 장 질환이 있는 고양이는 어떤 증상이냐에 관계없이 주기적인 패턴을 보입니다. 예를 들어 며칠간 구토하다가 몇 주간은 괜찮다가, 또다시 며칠간 구토하다가 괜찮아지는 모습이 반복됩니다. 이처럼 주로 안 좋은 증상이 몇 주간의 기간을 두고 반복되는 것인데 염증성 장 질환을 가진 고양이가 보이는 주요 증상은 다음과 같습니다.

- 구토(물이나 소화된 음식)
- 설사
- 변비
- 배변할 때 아파함
- 많이 먹는데도 체중이 그대로이거나 오히려 빠짐

 염증성 장 질환의 예방 및 관리

염증성 장 질환은 만성적인 자극이 원인이 되는 경우가 많습니다. 구토와 설사 등의 증상을 보일 때 바로바로 치료해 주는 것이 만성적인 염증과 자극을 줄일 수 있는 방법입니다. 이런 노력에도 불구하고 염증성 장 질환이 발생했다면 완치를 기대하기보다는 증상을 완화하여 삶의 질을 높이는 방향으로 관리해야 합니다. 또한 염증성 장 질환에 의해 2차적으로 생길 수 있는 췌장염, 담관 질환, 간 질환, 종양 등이 발생하지 않도록 신경 써야 합니다.

- **식이 관리** : 염증성 장 질환이 알레르기 때문에 발생한 경우 알레르기 예방 사료가 도움이 됩니다. 만약 알레르기 예방 사료가 큰 도움이 되지 않는다면, 저지방 고섬유소의 소화기 사료를 시도해보는 것도 좋습니다.
- **보조제** : 장에 문제가 있는 고양이에게는 프로바이오틱스가 도움이 됩니다. 프로바이오틱스는 장내에 유익한 세균을 증식시켜 설사 예방에도 효과가 있습니다.
- **보충제** : 만성적인 장 질환을 앓는 고양이의 경우 비타민 결핍을 가진 경우가 많습니다. 또한 엽산과 코발라민(Cobalamin)이 부족하면 증상의 회복이 더

디기도 합니다. 이처럼 영양 성분이 부족하다면 영양제를 먹이거나 일정 간격으로 병원에 방문해 주사를 맞히는 방법이 있습니다.

- **항생제** : 식이 요법과 보조 요법만으로 나아지지 않는 경우 항생제를 사용할 수 있습니다. 항생제는 유해한 세균의 증식을 억제하고 일부 기생충의 수를 줄이는 효과가 있습니다.
- **스테로이드** : 염증성 장 질환 치료에서 스테로이드는 빠질 수 없는 약입니다. 식이 요법과 항생제 요법에 모두 반응하지 않으면서 증상이 점점 심해진다면 스테로이드를 사용합니다.

Dr's advice

완치보다는 삶의 질을 높이는 방향으로 관리해 주세요.

만성적인 자극 때문에 발생하는 염증성 장 질환은 완치가 어려운 질병으로 열심히 관리하더라도 증상이 좋아지지 않을 수도 있습니다. 하지만 식이 조절과 스트레스의 관리, 적절한 약물 치료는 고양이가 훨씬 건강하고 편안하게 살 수 있게 해줍니다. 보호자의 제대로 된 관리와 관찰은 장기적으로 약물의 사용을 줄이게 해줍니다.

07

음식을 잘 먹지 않고 기운이 없어요 : 췌장염

췌장은 혈당을 조절하는 호르몬을 분비하기도 하고, 소화 효소를 만들기도 하는 매우 중요한 장기 중 하나입니다. 고양이의 췌장염은 외상이나 염증, 기생충 또는 특정 약물에 의한 반응으로 발생할 수 있지만, 사실 정확한 원인을 알 수 없는 경우가 대부분입니다. 모든 고양이에게 발생할 수 있지만, 중년 이상의 고양이와 샴 고양이에게는 특히 더 취약한 것으로 알려져 있습니다.

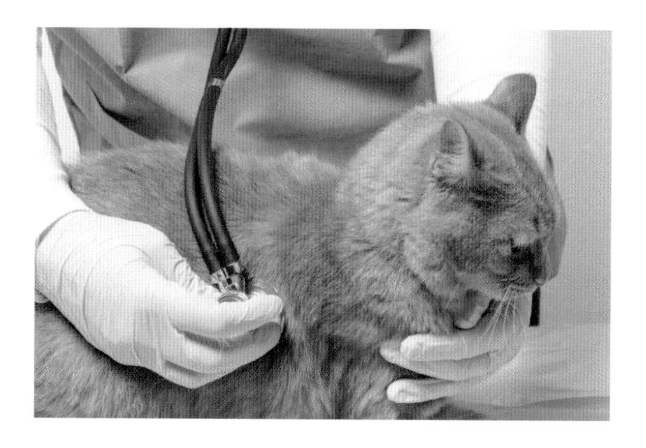

췌장염의 증상

고양이는 아파도 참고 티를 내지 않는 경우가 많아 주의 깊게 관찰하지 않으면 쉽게 증상을 놓칠 수 있습니다. 췌장염을 앓는 고양이는 식욕 부진과 체중 감소는 물론 탈수 증상으로 인해 무기력한 모습을 보입니다. 간혹 구토와 설사를 하기도 하는데 이 증상은 없는 경우도 많습니다.

췌장염의 치료 및 관리

급성 췌장염이 심각하게 진행되는 경우 생명이 위험할 수 있습니다. 또한 급성 췌장염에서 회복되더라도 염증의 흔적이 남아 만성 췌장염으로 넘어가기도 합니다. 초기 치료도 중요하지만 그만큼 이후 관리도 중요한 이유입니다.

▌췌장염의 치료

초음파, 방사선, 혈액 검사와 췌장염 키트 검사를 통해 췌장염이라고 진단을 받았다면 입원 치료가 최선입니다. 수액을 통해 수분을 공급하고 전해질 불균형을 해소하는 것은 치료에 있어서 가장 큰 비중을 차지하기 때문입니다. 심각한 식욕 부진을 보이는 고양이는 식도관을 장착하여 음식을 주는 적극적인 치료가 필요할 수 있습니다.

췌장염의 관리

췌장염이 치료된 후에는 재발에 신경 써야 합니다. 이때 가장 중요한 것은 식이 관리입니다. 췌장염에 걸렸던 고양이는 한 번에 많이 먹는 것을 피하고 소량의 음식을 자주 먹는 것이 좋습니다. 초기 관리에서는 저지방 식이가 도움이 되며, 사료의 풍미를 좋게 만들고 소화를 돕기 위해 사료를 데우거나 물에 불려서 먹이는 방법도 좋습니다. 습식을 좋아하는 고양이라면 초기 회복식으로 습식 사료를 주는 것도 좋은 방법입니다.

항산화제와 오메가-3 영양제 역시 도움이 됩니다. 오메가-3 영양제의 경우 질병 초기보다는 유지기에 급여하는 것이 좋으나, 오메가-3 역시 지방이기 때문에 영양제에 과민한 반응을 보인다면 먹이지 않도록 합니다. 췌장염은 간에도 영향을 주므로 간 영양제를 급여하는 것도 필요합니다.

08

동그랗게 털이 빠지고 각질이 생겨요 : 곰팡이 피부염

링웜(Cat ringworm)이라고도 불리는 곰팡이 피부염은 고양이에게 비교적 흔하게 나타납니다. 주요 원인균은 마이크로스포럼 캐니스(Microsporum canis : 피부사상균)라고 불리는 곰팡이입니다. 곰팡이 피부염은 인수 공통 질병으로 사람에게도 감염될 수 있습니다. 면역력이 충분한 사람은 잘 걸리지 않지만, 어린이나 노인, 면역저하제를 먹고 있거나 유난히 피부가 약한 사람은 쉽게 감염될 수 있습니다. 만약 고양이가 곰팡이 피부염에 걸린 것으로 의심된다면 가급적 빨리 진찰을 받고 치료를 시작하는 것이 사람에게 전염되는 것을 막을 수 있는 가장 좋은 방법입니다.

곰팡이 피부염의 원인

곰팡이의 포자는 일반적인 생활 환경에서도 쉽게 접할 수 있습니다. 토양이나 다른 동물, 심지어는 다른 사람에게도 전염될 수 있습니다. 주로 날리는 털이나 떨어져 나온 피부 각질에 존재하며, 감염된 동물과 접촉하거나 산책할 때 또는 놀이터에서 놀다가도 감염될 수 있습니다.

곰팡이 피부염의 증상

사람

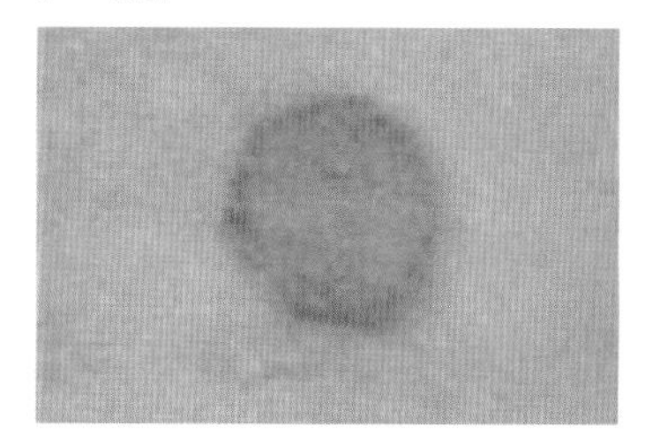

피부에 생긴 붉은 반점

붉은 반점 형태로 나타나며 매우 가렵습니다. 증상이 나타났다면 즉시 피부과에 방문하여 치료를 받아야 합니다.

고양이

곰팡이로 인해 털이 빠진 고양이

동그랗게 털이 빠지며 털이 빠진 주변이 붉어지고 각질이 일어납니다. 가려움증은 고양이마다 달라서 있을 수도 있고 없을 수도 있으므로 초기에는 알아차리기 어렵습니다.

곰팡이 피부염의 검사

- **피부 상태 관찰** : 곰팡이 피부염의 특징을 지녔는지 관찰
- **우드램프를 이용한 검사** : 곰팡이 배설물에 의한 형광 발색 확인
- **털을 뽑아 곰팡이를 배양하는 DTM 검사** : 곰팡이가 자라면서 배지의 색이 변함

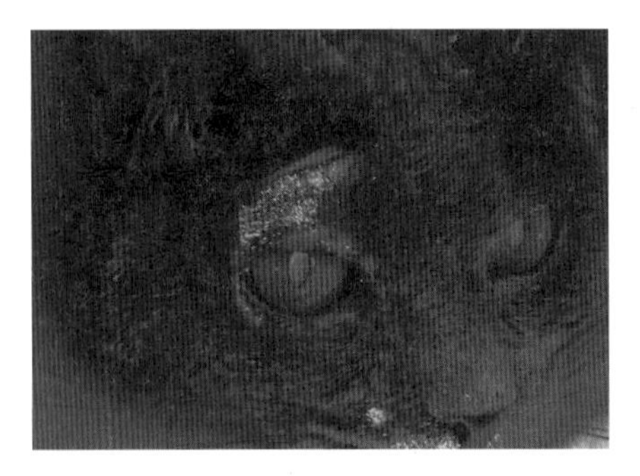

우드램프에 반응하는 곰팡이

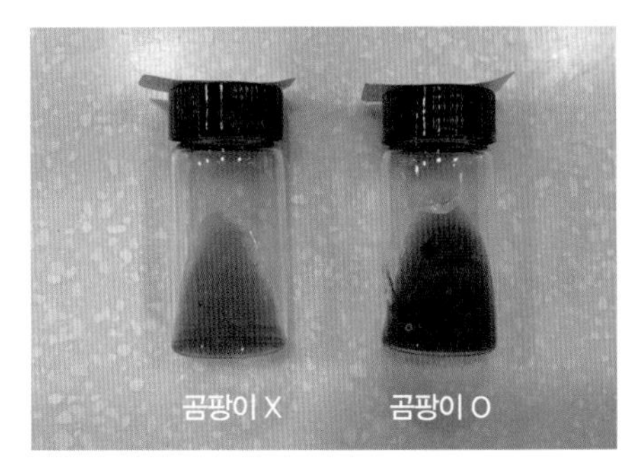

배양 검사(DTM)의 결과

각각의 검사를 모두 수행하는 것이 진단의 정확성을 높이는 방법입니다. 곰팡이 배양 검사(Dermatophyte test medium : DTM)의 경우 검사 결과가 나오기까지 약 1~2주의 시간이 걸리므로 그동안에 최소한의 처치를 하며 결과를 기다립니다.

곰팡이 피부염의 치료 및 관리

곰팡이 피부염의 치료

- **소독제와 연고** : 증상이 심하지 않고 부분적이라면 소독제와 연고로 치료를 시도해 볼 수 있습니다. 배양 검사 결과를 기다리는 중간에도 소독제와 연고를 계속 바르며 관리합니다. 하지만 약품을 눈 주변에 사용할 경우 자극되어 오히려 역효과가 생길 수 있으니, 눈 부분에 피부염이 있다면 소독제나 연고 사용은 피하는 것이 좋습니다.
- **곰팡이 치료용 샴푸** : 각질과 함께 가려움증이 있는 고양이의 경우 곰팡이 치료용 샴푸를 사용하는 것이 큰 도움이 됩니다. 물론 샴푸만을 사용하여 곰팡이를 완전히 치료할 수는 없으므로 반드시 치료 약과 병행해야 합니다.
- **복용약** : 복용약은 거의 모든 경우에 사용합니다. 적어도 4~6주 정도는 먹여야 효과가 나타납니다. 다른 약들과 비교하면 거부감 없이 잘 먹는 편에 속하고 음식과 함께 먹으면 효과가 더 좋은 편입니다.
- **넥칼라 사용** : 곰팡이 치료를 하는 동안에는 넥칼라를 씌워둡니다. 해당 부위를 핥거나 긁지 못하게 함은 물론 곰팡이가 몸의 여기저기로 퍼지는 것을 막아주기도 합니다.

곰팡이 피부염의 관리

- **깨끗한 주변 환경** : 주변으로의 전파를 막기 위해 털이 날리지 않게 하고 매일 청소해야 합니다. 곰팡이는 주로 털이나 각질을 통해 전염되므로 고양이 털이 쉽게 달라붙고 잘 떨어지지 않는 소파나 이불보다는 타일이나 마룻바닥과 같이 털이 달라붙지 않고 청소가 쉬운 공간에서 고양이가 생활하도록 행동 반경을 제한합니다. 어린이나 노인, 면역력이 약한 사람은 고양이와 접촉하지 않도록 주의하고 고양이를 만진 다음에는 반드시 손을 깨끗이 씻어야 합니다.
- **고양이 옷** : 고양이에게 옷을 입히는 것도 감염을 막는 데 도움이 됩니다. 얇은 면으로 된 옷은 고양이의 털이 외부에 떨어지는 것을 막아주기 때문입니다. 이때 너무 딱 맞는 옷을 입히면 고양이가 불편해할 수 있으므로 조금 여유 있는 옷이 좋습니다.
- **공유 금지** : 곰팡이 피부염은 쉽게 전염되므로 곰팡이 피부염이 있는 고양이의 몸에 직접 닿았던 용품들은 절대 다른 동물들과 공유하지 않도록 합니다. 빗, 옷, 수건 등의 소모품은 치료가 끝나면 버리는 것이 좋고, 버릴 수 없는 것들은 락스로 소독한 후 완전히 헹구고 나서 사용합니다. 함께 사는 동물이 있다면 반드시 격리해야 합니다. 격리가 원활히 이루어지지 않는다면 함께 치료를 받아야 할 수도 있습니다.

09

피부가 가려워요 : 아토피/알레르기성 피부염

아토피/알레르기성 피부염은 고양이의 피부 가려움증을 유발하는 대표적인 원인입니다. 일반적으로 환경 요인과 음식에 의해 발생하지만 구분하기는 어려우며, 고양이에 따라 환경 요인과 음식 모두에 문제를 가지기도 합니다. 외국에는 벼룩 알레르기가 많지만 우리나라는 환경적인 알레르기가 더 높은 비중을 차지합니다. 가려움증은 절대 저절로 나아지지 않으며 그 자체로 고양이의 삶의 질을 떨어뜨리므로 문제가 나타나면 즉시 치료를 받도록 합니다.

아토피 / 알레르기성 피부염의 증상

아토피/알레르기성 피부염이 있는 고양이에게는 가려움증이 주로 나타납니다. 음식이 요인이라면 증상이 생기기 전에 특별하게 먹인 음식은 없는지 확인하면 되고, 계절에 따른 환경 변화가 요인이라면 특정 계절에만 증상을 보이는 건 아닌지 확인합니다.

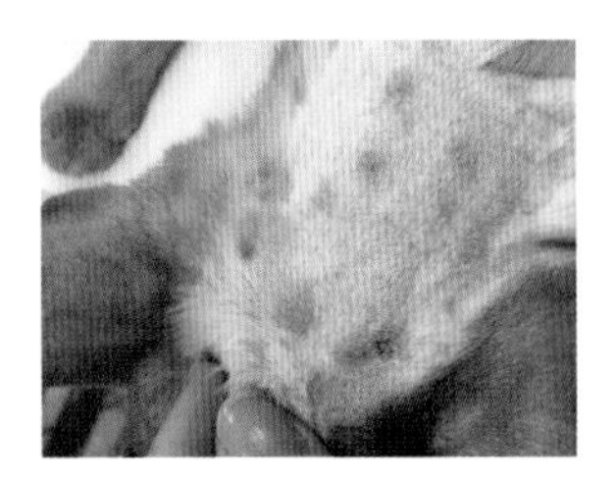 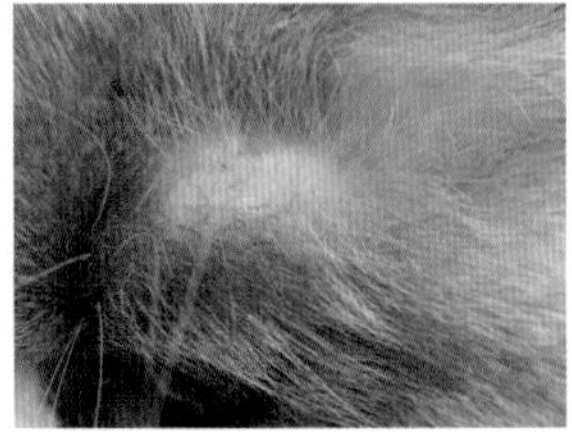 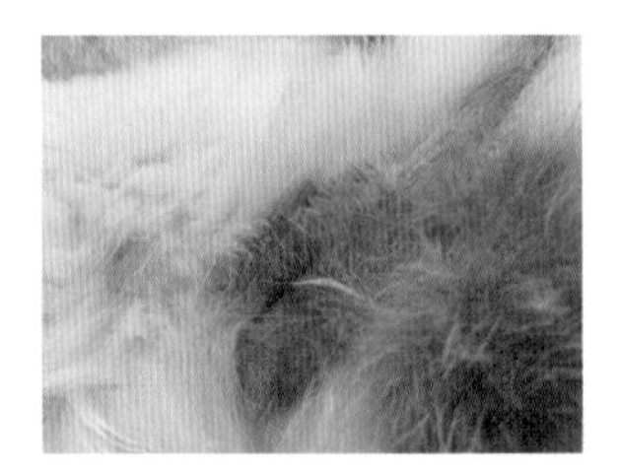

아토피/알레르기가 있는 고양이들의 피부

가려움증 때문에 피부를 긁다보면 탈모가 생기기도 하고 피부가 예민해져 붉게 변하면서 흥분한 것처럼 보일 수도 있습니다. 자꾸 반복되는 외이염, 좁쌀 모양의 피부염, 머리와 목 부위의 긁은 흔적, 분홍색의 염증성 뾰루지 등의 증상이 있다면 아토피/알레르기성 피부염이 원인일 수 있습니다. 대부분의 고양이는 3살 이전에 처음 증상을 보이지만, 일부 고양이는 7세 이후에 증상이 나타나기도 합니다.

Dr's advice

아토피/알레르기성 피부염의 주요 증상

- 얼굴과 발을 가려워합니다.
- 피부에서 냄새가 납니다.
- 각질이 많아지고 빨갛고 볼록한 두드러기가 생깁니다.
- 피부가 두껍고 검게 변합니다.
- 털이 많이 빠지고 얇아집니다.
- 심하게 핥아서 털이 변색됩니다.
- 머리를 터는 행동을 자주 합니다.

아토피/알레르기성 피부염의 진단

아토피/알레르기성 피부염만을 진단하는 검사는 없습니다. 다만 혈액으로 하는 알레르기 검사가 조금 도움이 될 수는 있습니다. 아토피/알레르기성 피부염을 진단하는 목적으로는 적당하지 않지만, 알레르기 검사를 통해 문제가 되는 환경 요인이나 음식을 알아내면 조금은 수월하게 관리할 수 있습니다.

아토피/알레르기성 피부염의 치료 및 관리

아토피/알레르기성 피부염의 치료

가장 좋은 방법은 알레르기를 일으키는 위험 요소를 모두 제거하거나 피하는 것이지만 현실적으로 불가능합니다. 따라서 가려움증을 줄이고 피부 증상을 완화하기 위해서 다양한 약물을 사용해야 합니다.

- **스테로이드** : 스테로이드는 가려움증을 줄여주는데 가장 저렴하면서도 효과적인 약입니다. 하지만 장기 복용할 경우 비만이나 대사성 질환과 같은 부작용이 생길 수 있습니다.
- **항히스타민** : 가려움증을 줄이기 위해 사용하지만, 스테로이드와 비교하면 효과가 미미한 편입니다.
- **항생제** : 가려움증에 의한 2차적인 피부염이 있을 때 사용합니다.

- **면역 요법** : 알레르기를 일으키는 원인을 알아낸 뒤 해당 요인에 대한 맞춤형 백신을 사용하는 방법입니다. 부작용이 적고 가장 안전한 치료법이지만, 효과가 나타나기까지의 시간이 오래 걸리고 비용이 많이 들며 모든 고양이에게 효과적이지는 않다는 단점이 있습니다.
- **개에게 쓰이는 아토피 치료제** : 가려움증의 감소에 어느 정도 효과가 있는 것으로 보이지만 아직 연구가 부족한 상황입니다. 또 음식이나 벼룩 알레르기를 가진 고양이에게는 효과가 없다는 연구 결과가 있습니다.
- **오메가 영양제** : 피부의 면역력 향상과 소염 작용을 통해 아토피/알레르기성 피부염을 가진 고양이의 증상 완화에 도움을 줄 수 있습니다.

아토피/알레르기성 피부염의 관리

검사를 통해 아토피/알레르기성 피부염과 관련이 있는 요소들을 알아내고, 고양이가 최대한 해당 요소들을 접촉하지 않도록 신경 씁니다. 환경적인 요인이라면 완전히 차단할 수는 없지만 어느 정도는 줄일 수 있습니다. 일반적으로 집먼지진드기는 카페트나, 방석, 이불 등에 주로 서식하며 문제를 일으키니 주기적으로 세탁하고 진공청소기를 이용한 청소와 제습기의 사용이 도움됩니다. 꽃가루 알레르기가 있는 고양이라면 실내에서 꽃을 키우지 않는 것이 좋습니다. 음식 알레르기에 대한 위험성을 줄이기 위해서는 저알레르기 식이를 급여하도록 합니다.

10 

분홍색의 염증성 뾰루지가 났어요 : 호산구성 육아종

호산구는 백혈구의 한 종류로 주로 기생충이 침입했을 때 염증성 화학 물질을 배출하여 기생충과 싸우는 역할을 맡고 있습니다. '호산구성 육아종'은 기생충이 침입하지 않았는데도 호산구가 염증성 화학 물질을 배출함으로써 주변 조직에 염증성 변화를 일으키는 것을 말합니다. 몸의 어디에서나 나타날 수 있으며 창백한 분홍색의 덩어리 형태를 가지거나 궤양으로도 나타날 수 있습니다.

 호산구성 육아종의 원인

호산구성 육아종은 필요 이상으로 면역계가 자극되면서 발생합니다. 벼룩이나 모기가 물었을 때의 자극, 항생제, 알레르기 유발 식품, 꽃가루 등도 자극원이 될 수 있으므로 알레르기에 대한 검사를 해보는 것이 좋습니다. 음식과 관련된 알레르기만 있는 경우라면 해당 음식을 조절하여 증상을 완화시킬 수 있습니다. 하지만 아토피가 자극원이라면 발생 원인을 파악하기 어렵고 알레르기 반응을 조절하기도 어려울 수 있습니다.

호산구성 육아종의 증상

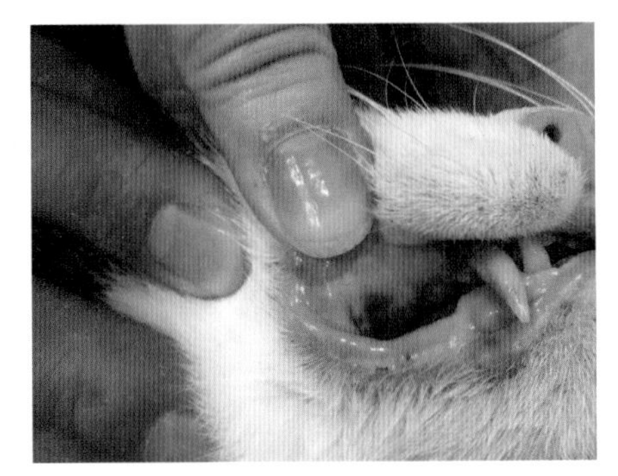

코 밑과 입속에 생긴 피부 병변

호산구성 육아종의 증상은 알레르기 반응과도 비슷하며 일반적으로 가려움증, 부종, 염증 등의 증상이 나타납니다. 몸의 어디에서나 나타날 수 있지만 주로 윗입술에 생겨 병원에 내원하는 경우가 많습니다. 가려움증을 동반하는 경우가 많아 가려워서 긁다가 상처를 내기도 합니다.

호산구성 육아종의 치료 및 관리

- **항생제** : 호산구성 육아종을 가진 고양이는 긁다가 생긴 상처로 인한 세균 감염이 쉽게 일어나기 때문에 항생제 처치가 필요한 경우가 많습니다. 병변 부위가 국소적이라면 항생제 연고만 사용해도 충분하지만, 연고를 바르기 어렵거나 범위가 넓은 경우에는 항생제 주사 또는 복용약이 더 효과적입니다.

- **스테로이드** : 상처를 회복하고 가려움증을 감소시키기 위해서는 주로 스테로이드가 사용됩니다. 스테로이드를 사용하면 가려움증이 빠르게 감소하고 병변의 크기도 눈에 띄게 줄어듭니다. 다만 스테로이드를 장기간 복용하면 부작용이 생기기 때문에 항히스타민제를 사용하거나 다른 면역억제제를 쓰기도 합니다.
- **넥칼라** : 작은 병변의 경우 건드리지 않으면 자연적으로 사라지기도 합니다. 따라서 머리 근처에 병변이 생겼다면 넥칼라 등을 사용해 고양이가 긁어서 상처를 내지 않도록 해야 합니다.
- **저알레르기 사료** : 음식 알레르기를 통한 호산구성 육아종이라면 저알레르기 사료를 급여하는 것도 하나의 방법입니다.

11 

귀에 염증이 생겼어요 : 고양이 귓병(외이염)

고양이 귓병은 염증이 생긴 위치에 따라 이름이 다릅니다. 고막의 바깥 부분인 외이도에 생기는 염증을 '외이염'이라고 부르고, 고막의 안쪽 부분에 생기는 염증을 '중이염'이라고 부릅니다. 고양이에게 생기는 귓병은 주로 고막의 바깥 부분에 염증이 생기는 외이염인 경우가 많습니다. 하지만 오랫동안 치료를 하지 않거나 감염이 있는 상태에서 고막이 파열되면 중이염으로 진행될 수도 있습니다.

 귓병의 원인

귓병은 여러 가지 이유로 발생할 수 있습니다. 대표적인 이유는 아래와 같습니다.

- 기생충
- 알레르기
- 이물
- 세균, 곰팡이

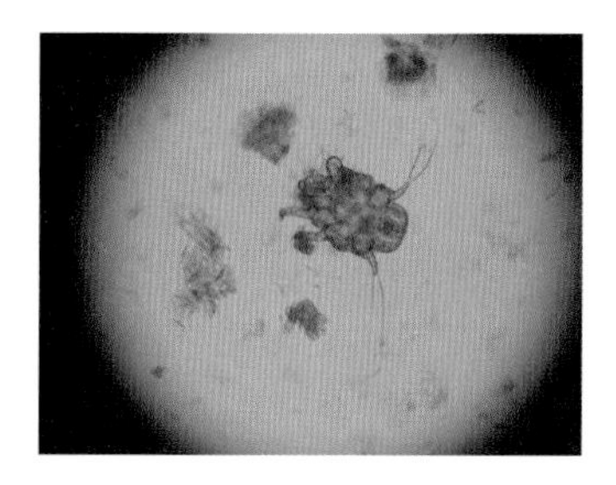

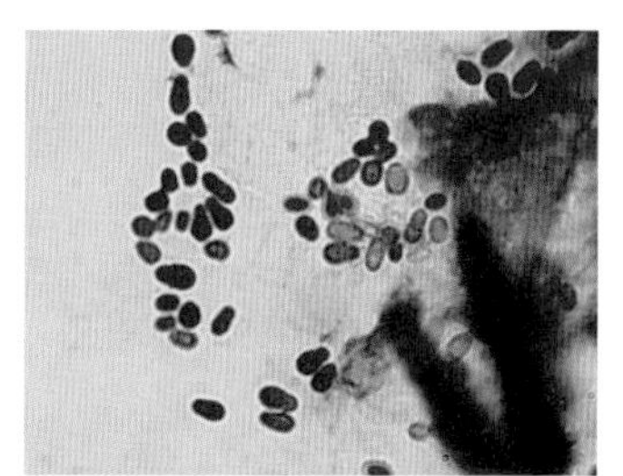

귀에 기생하는 귀 진드기

말라세치아 곰팡이

기생충, 알레르기, 이물은 직접적으로 귀에 염증을 일으키지만, 염증을 지속/악화시키는 데는 세균과 곰팡이가 관여합니다. 그러므로 세균과 곰팡이를 제대로 가려내고, 치료하지 않으면 상태가 나아지지 않거나 쉽게 재발할 수 있습니다.

귓병의 증상

귓병의 증상은 원인 및 귓속의 상태와 발병 기간에 따라 조금씩 다르게 나타납니다. 주로 아프거나 가려워하는 증상을 보이며, 한쪽 귀에만 나타나거나 양쪽 귀에 모두 나타나기도 하고 갑자기 증상이 나타나서 오랫동안 지속되기도 합니다.

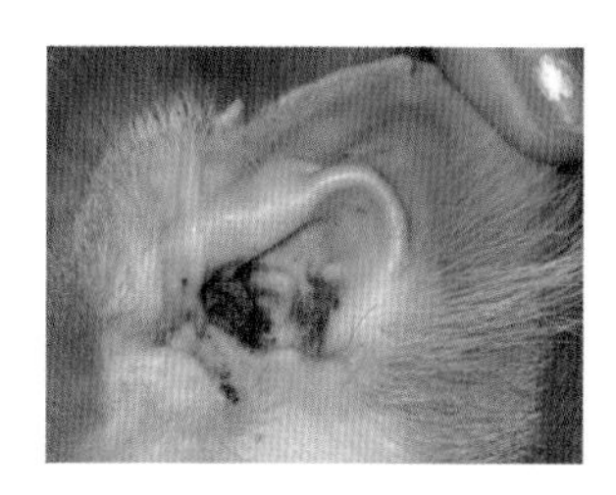

귀에서 나온 갈색의 귀지

- 머리를 흔들거나, 뒷발로 귀를 털어댑니다.
- 귀에서 냄새가 납니다.
- 귀에서 노란색 또는 갈색의 분비물이 나옵니다.
- 귀 안쪽 피부에 발적이나 각질이 생깁니다.

귓병의 치료 및 관리

귓병의 치료

어린 고양이의 경우 이물이나 알레르기에 의한 염증보다는 귀 진드기에 의한 외이염이 원인인 경우가 많으므로 진드기에 대한 치료를 먼저 한 후에 염증을 치료해야 합니다. 나이가 들고 외부 활동이 없는 고양이는 귀 진드기에 의해 귓병이 생기는 경우가 드무니 알레르기나 이물을 의심해 보아야 합니다. 이물에 의한 염증은 이물을 제거하면 바로 좋아지지만, 알레르기가 원인이라면 알레르기에 대한 검사 후에 식이부터 환경까지 개선하며 꾸준히 관리해야 귓병의 발생을 줄일 수 있습니다.

귓병의 관리

가끔 고양이가 잘 때 귀 입구 주변에 문제가 없는지 살펴보는 것이 좋습니다. 건강한 고양이의 귀는 분비물이나 각질 없이 아주 깨끗합니다. 만약 갈색이나 노란색의 귀지가 있거나 피부가 붉게 변하고 부어있다면 즉시 진료가 필요합니다.

Dr's advice

귀 진드기의 발견!

귀 진드기는 고양이 간에 전염되며 청결하지 못한 환경에서 집단생활을 하는 경우에 더욱 쉽게 감염됩니다. 만약 어린 고양이에게 귀 진드기가 발견되었다면 다른 기생충이나 질병이 없는지 함께 확인해 보는 것이 좋습니다.

Dr's Q&A

Q. 고양이도 주기적으로 귀 청소를 해주어야 하나요?

A. 대부분의 고양이는 정기적으로 귀 청소를 할 필요는 없습니다. 가끔씩 귀를 살펴보며 특별한 문제가 없는지만 확인해도 충분합니다.

12

눈이 붓고 충혈되었어요 : 결막염

결막염은 결막에 발생한 염증을 말합니다. 결막은 눈꺼풀의 안쪽과 눈의 바깥쪽을 덮는 얇은 막을 말하는데, 평소에는 옅은 분홍색을 띠지만 염증이 생기면 붉게 충혈되고 부어오릅니다.

결막염의 원인

전염성 질환

어린 고양이에게는 허피스 바이러스(Herpes virus) 또는 칼리시 바이러스(Calici virus)와 같은 호흡기 바이러스에 의한 결막염이 가장 흔하게 나타납니다. 클라미디아 감염증(Chlamydial infection)과 마이코플라즈마(Mycoplasmataceae)와 같은 전염성 세균도 결막염을 일으킬 수 있습니다.

비전염성 질환

- **알레르기** : 비전염성 결막염의 대표적인 원인은 알레르기입니다. 특정 계절에만 발생한다면 알레르기성 결막염일 가능성이 매우 높습니다. 하지만 알레르기성 결막염은 다양한 원인에 의해 발생하기 때문에 원인을 알기 어렵고, 원인을 안다고 해도 회피가 쉽지 않습니다.
- **품종에 따른 선천적 질병** : 페르시안이나 히말라얀과 같은 품종의 고양이는 선천적으로 눈꺼풀이 안쪽으로 말려 들어가는 '안검내반증'이 있을 수 있습니다. 이 질병이 있는 경우 눈꺼풀이 말려 들어가면서 눈썹이 눈을 지속적으로 찌르게 되어 각막 자극과 함께 결막염이 발생합니다.
- **이물질로 인한 자극** : 이물질로 인한 자극 때문에 결막염이 생기는 경우도 있습니다. 앞서 언급했듯이 눈꺼풀이 말려 들어가는 고양이는 이물질이 눈꺼풀에 갇히게 되어 더욱 쉽게 결막염이 발생합니다. 드물지만 안구에 종양이 있는 경우에도 결막염이 생길 수 있습니다.

결막염의 증상

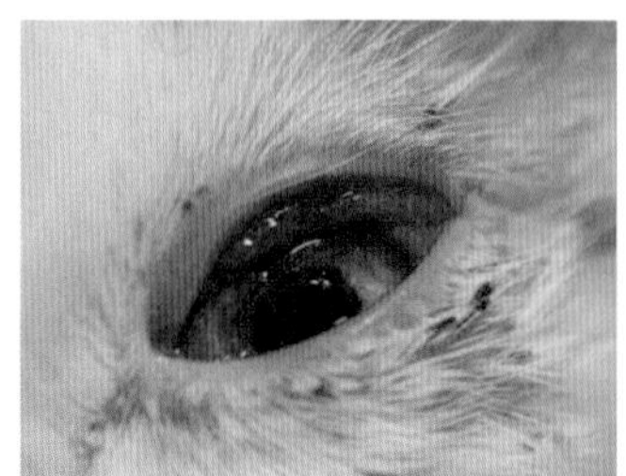

결막염에 걸린 고양이

- 눈물이 많아집니다.
- 눈을 잘 뜨지 못하거나 가늘게 뜹니다.
- 노란색이나 녹색의 눈곱이 낍니다.
- 결막이 붓거나 붉게 충혈됩니다.

결막염의 치료 및 관리

결막염의 원인에 따라 치료 방법과 사용하는 약물이 달라집니다. 원인을 특정하기 어려운 경우라면 일반적으로 광범위 항생제 안약을 처방하고, 경우에 따라서는 내복약이 추가될 수 있습니다.

허피스 바이러스에 의한 결막염은 증상이 심하지 않은 경우라도 완전히 낫지 않으며 간헐적으로 재발할 수 있습니다. 이때 L-라이신(L-lysine) 영양제를 복용하면 면역력을 촉진해 허피스 바이러스 감염증의 치료 및 관리에 도움이 됩니다. 자극으로 인한 결막염일 때는 안약을 주로 처방합니다. 안약을 넣는 일은 보호자에게도 고양이에게도 그리 유쾌한 일은 아닙니다. 치료를 위해 넣어야 할 때는 고양이가 스트레스를 받는 일이 없도록 하는 것이 중요합니다. 고양이가 앞을 보는 자세로 안은 뒤 뒤에서 접근해 1~2방울 정도 넣으면 충분합니다.

약물은 처방된 기간만큼 충분히 쓰도록 합니다. 보통 약물을 사용하면 며칠 이내로 좋아지기 때문에 치료를 그만두는 경우가 많습니다. 하지만 완전히 치료되지 않은 상태에서 치료를 중단하면 쉽게 재발하고, 그다음 치료는 더욱 어려워집니다.

 Dr's Q&A

Q. 사람이 쓰는 식염수나 인공 눈물을 고양이에게 사용해도 되나요?

A. 눈곱이 심해 눈을 잘 뜨지 못하거나 이물이 들어간 것으로 의심되는 경우 눈을 씻어주기 위해 제한적으로 사용할 수는 있습니다. 하지만 식염수나 인공 눈물의 지속적인 사용은 눈 건강에 좋지 않습니다. 응급 처치를 한 후에 병원에 내원하여 진단을 받고 알맞게 처방받은 안약으로 대체하여 지시된 만큼만 사용하는 것이 안전합니다.

 Dr's advice

여러 종류의 안약 넣는 방법

안과 질환으로 병원에 방문하면 2~3가지 종류의 안약을 넣어야 하는 경우가 있습니다. 이럴 때는 안약에 순서를 정해서 5분 간격으로 넣어주는 것이 좋습니다. '1번 안약 → 5분 후 → 2번 안약 → 5분 후 → 3번 안약' 순으로 넣으면 각각의 안약이 모두 제 효력을 발휘할 수 있습니다. 안약 중에 연고가 있다면 가장 마지막 순서로 바릅니다.

13 

눈에 갈색의 반점이 생겼어요 : 각막 괴사증

고양이의 각막 괴사증은 각막에 갈색이나 검은색의 타원형 반점이 생기는 것을 말합니다. 이 반점은 실제로 각막이 괴사하여 죽은 조직으로 다양한 크기와 깊이로 나타나며, 모든 나이대와 품종에서 발생할 수 있습니다.

각막 괴사증의 원인

각막 괴사증의 원인은 확실하지 않습니다. 하지만 각막 괴사가 진행되는 이유로는 각막의 상처, 안구 건조증, 눈꺼풀의 형태 이상, 허피스 바이러스 감염 등이 있습니다. 또한 모든 품종에서 나타나지만 페르시안과 히말라얀에서 더 많이 나타나는 것으로 보아 유전적인 영향도 있을 것으로 보입니다.

각막 괴사증의 증상

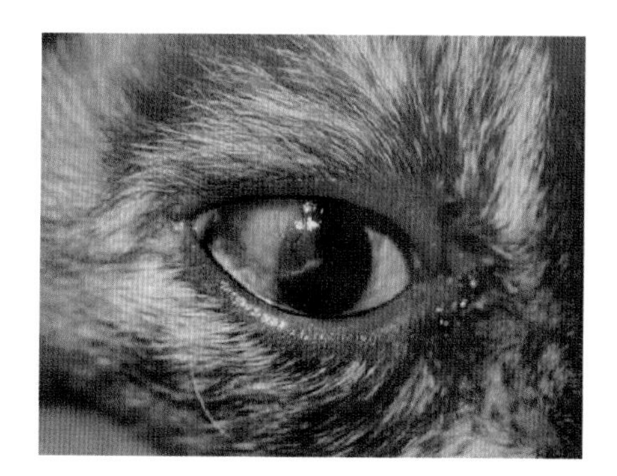
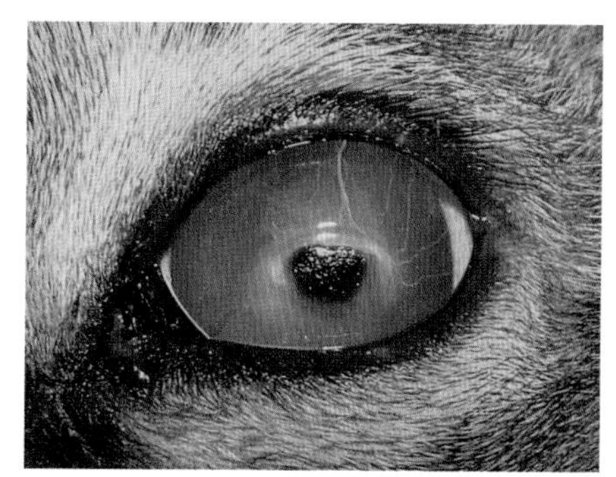

각막 괴사증이 있는 고양이

질병의 초기에는 증상이 뚜렷하지 않아 알아차리기 힘들 수 있습니다. 사팔눈처럼 보이거나 눈물이 많아지고 제3안검(눈을 덮어 각막을 보호하고 이물질을 제거하며, 눈물의 1/3을 만들어내는 기관)이 올라오는 등의 통증을 보일 수 있으며, 괴사가 진행됨에 따라 변색된 부분으로 혈관이 자라기도 합니다. 괴사 부분 주변의 각막이 심하게 감염되거나 괴사가 너무 깊은 경우에는 눈을 살리지 못할 수도 있습니다.

각막 괴사증의 치료 및 관리

각막 괴사증은 안약으로 치료되지 않습니다. 반드시 수술을 통해 괴사한 각막을 제거해야 합니다. 괴사한 부위가 좁고 깊이가 얕을수록 수술도 쉽고 빠르게 치유되니, 고양이의 눈에 갈색이나 검은색의 반점이 생기면 즉시 병원에서 진료를 받도록 합니다. 각막 괴사증은 치료 후에도 재발하거나 나중에 반대쪽 눈에서 나타날 수 있습니다. 각막 괴사증이 있었던 고양이라면 반점이 나타나는 즉시 치료를 받는 것이 치료율을 높이고 재발을 방지하는 유일한 방법입니다.

Dr's advice

각막 색소 침착

각막 색소 침착과 각막 괴사증은 초기에는 비슷하게 보이지만 전혀 다른 질병입니다. 각막 색소 침착이 표면에만 엷게 생기는 것이라면, 각막 괴사증은 좀 더 진한 색(검은색, 진한 갈색)으로 보인다는 것에 차이점이 있습니다. 또한 수술이 필요한 각막 괴사증과 달리 각막 색소 침착은 별다른 치료가 필요하지 않습니다.

14

눈이 뿌옇게 변했어요 : 백내장

백내장은 카메라의 렌즈와 같은 역할을 하는 수정체가 흐려지거나 완전히 불투명해지는 질환으로, 한쪽 눈에만 생길 수도 있고 양쪽 눈에 모두 생길 수도 있습니다. 수정체를 통해 들어온 빛은 망막에 전달되고 시신경을 통해 시각 정보로 전환되는 과정을 거치는데, 백내장이 발생한 고양이는 통과되는 빛의 일부 또는 전체가 차단되기 때문에 시력에 상당한 영향을 받게 됩니다.

백내장의 원인

백내장은 나이에 많은 영향을 받습니다. 자연스러운 노화 과정 중 하나로 생기기도 하고, 당뇨병이나 고혈압과 같은 노령 질환으로 인해 발생하기도 합니다. 또한 수정체에 상처가 생겼다면, 상처가 악화되어 백내장이 생기기도 합니다.

백내장의 증상

백내장으로 인해 시야가 흐려지거나 시력이 줄어들면 아래와 같은 증상이 나타납니다.

- 눈동자가 뿌옇게 보이거나 막이 낀 것처럼 보입니다.
- 행동이 느려집니다.
- 익숙한 환경인데도 주변 사물에 자주 부딪힙니다.
- 밥그릇을 잘 못 찾거나 화장실 가는 것을 어려워합니다.
- 캣타워 사용을 힘들어하거나 굉장히 조심스럽게 올라가려 합니다.

이런 행동들은 아주 작은 변화이기 때문에 대수롭지 않게 생각해 무시하거나, 나이가 들어서 자연스럽게 그런 것으로 오해할 수 있습니다. 하지만 아주 작고 사소한 것이라도 고양이의 행동에 변화가 있다고 느꼈다면 무언가 이상이 생긴 것일 수 있으니 병원에서 검진을 받는 것이 좋습니다.

한쪽 눈에만 발생한 백내장

양쪽 눈에 발생한 백내장

백내장의 치료 및 관리

백내장의 치료

백내장은 주로 노령의 동물에게 발생하지만 어린 동물에게도 얼마든지 발생할 수 있습니다. 발병하면 시력에 큰 영향을 주기 때문에 조기에 발견하여 빨리 치료하는 것이 무엇보다 중요합니다. 수술을 통해 시력을 되찾을 수 있다면 백내장 수술이 추천됩니다. 초기 단계에서 수술을 진행하면 가장 좋은 결과를 기대할 수 있습니다. 당뇨병이나 고혈압에 의해 2차적으로 발생한 백내장은 1차 질환을 치료하면 진행을 늦출 수 있습니다. 또한 안약을 사용해 염증이나 기타 눈 질환을 예방하기도 합니다.

백내장의 관리

중년 이상의 고양이라면 주기적으로 눈을 들여다보고, 이상이 느껴지면 바로 병원에서 검사를 받는 것이 가장 좋습니다. 이미 백내장이 발생했다면 고양이의 시력이 매우 약해져 있으므로 주변 환경이 변하면 적응에 어려움을 겪게 됩니다. 가급적 가구의 위치나 사료 그릇, 화장실의 위치를 바꾸지 않는 것이 좋으며, 만약 환경에 변화가 생겼다면 그 환경에 익숙해질 때까지 세심하게 관리해줍니다.

15

동공이 엄청 커지고 뿌옇게 변했어요 : 녹내장

녹내장은 눈물이 눈 밖으로 배출되지 않고 눈 안에 고이는 것을 말합니다. 눈 안쪽에 눈물이 고이면서 안구의 내압이 올라가고 시신경을 압박하여 통증을 느끼게 되는데, 시신경이 지속적으로 압박되면 결국 시력을 상실하게 됩니다. 녹내장은 발병 이유에 따라 한쪽만 발생하기도 하고 양쪽 모두 발생하기도 하며, 녹내장이 심한 고양이는 눈동자가 확연하게 커진 것을 확인할 수 있습니다.

녹내장의 원인

녹내장은 어린 고양이보다는 중년 이상의 고양이에게 많이 발생하는데 원인은 크게 두 가지로 나누어집니다. 첫 번째로는 드물지만 유전적인 영향에 의해 원발성 녹내장이 발생하는 경우로 버미즈 고양이와 샴 고양이가 위험 품종에 속합니다. 두 번째로는 눈에 생긴 염증에 의해 눈물의 배출로가 막혀서 발생하는 경우로 특히 포도막염은 고양이 녹내장 발생의 가장 큰 원인으로 꼽힙니다.

녹내장의 증상

고양이의 녹내장은 질병이 진행되는 동안 전혀 티가 나지 않을 수 있습니다. 하지만 증상이 점점 심해지면 움직임이 줄어들고, 동공이 계속 확대되어 있어 빛을 쏘여도 작아지지 않거나 한쪽 눈이 유난히 크게 느껴지기도 합니다. 이외에도 다음과 같은 증상들을 보입니다.

- 머리나 눈 근처에 손이 오거나 만지는 것을 피합니다.
- 눈에서 맑은 눈물 같은 것이 보입니다.
- 고양이가 우울해 보입니다.
- 고양이 눈의 흰자위(공막)가 붉게 충혈되어 있습니다.
- 눈이 뿌옇게 보이거나 푸른빛을 띠는 것처럼 보입니다.

녹내장이 있는 고양이

녹내장의 치료 및 관리

녹내장의 진행을 늦추고 안구 내압을 낮추기 위한 안약을 사용합니다. 증상이 너무 심해 약물이 전혀 효과가 없고 지속적으로 통증이 있는 경우에는 고양이의 삶의 질을 높이기 위해 수술을 통해 눈을 적출하기도 합니다. 녹내장은 조기에 발견해서 관리하면 오랫동안 별 탈 없이 생활할 수 있지만, 늦게 발견하면 치료와 관리가 매우 어려운 질병입니다.

16

자꾸 기침을 해요 : 폐렴

폐렴은 폐에 바이러스와 세균이 침입하여 염증이 생기면서 숨을 쉬기 힘들게 만드는 호흡기 질환 중 하나입니다. 처음에는 가벼운 기침이나 호흡 곤란 등의 증상을 보이지만 증상이 점점 심해지면 폐가 제대로 기능할 수 없는 상태까지 가기도 하며, 혈액 내의 산소 결핍을 유발해 전신에 심각한 영향을 주기도 합니다. 폐렴은 모든 고양이에게 발생하지만, 코가 납작한 페르시안이나 랙돌, 히말라얀 고양이가 호흡기 감염병에 조금 더 취약하므로 폐렴에 걸릴 위험성이 높습니다.

폐렴의 원인

- **상부 호흡기 감염증** : 세균, 바이러스, 곰팡이에 의한 상부 호흡기 감염증을 제때 치료하지 못할 경우 염증이 폐로 진행되어 폐렴을 유발할 수 있습니다.
- **흡인성 폐렴** : 어미를 잃은 어린 고양이에게 젖병으로 분유를 먹이면서 발생하는 경우가 많습니다. 젖병에서 너무 많은 양의 분유가 나오거나 강제적으로 먹이려 하면 분유가 쉽게 기도로 넘어가게 되고 그 결과 흡인성 폐렴이 발생합니다. 젖병을 사용할 때는 가급적 고양이가 스스로 빨아먹을 수 있게 하는 것이 가장 안전합니다. 분유가 기도로 넘어가면 기침이나 재채기를 할 수 있는데, 이때는 즉시 분유 먹이기를 중단하고 충분히 뱉어낼 수 있게 도와줍니다. 소량의 분유가 넘어간 경우라면 크게 문제가 생기지 않지만, 지속적인 기침 또는 재채기를 보이거나 식욕 부진이 생기는 경우에는 바로 병원에서 검사를 받아야 합니다.
- **면역력 저하** : 어린 고양이나 나이가 많은 고양이는 면역력이 약하기 때문에 호흡기 감염에서 폐렴으로 이어지기 쉽습니다. 면역 결핍 바이러스(FIV)나 백혈병 바이러스(FeLV)에 감염된 고양이 역시 면역 체계가 약화되어 세균이나 곰팡이에 의한 폐렴의 발생 확률이 높아집니다.

폐렴의 증상

가장 흔한 증상은 기침과 호흡 곤란입니다. 하지만 모든 고양이가 이런 증상을 보이지는 않습니다. 일반적인 폐렴의 증상은 다음과 같습니다.

- 얕고 빠른 노력성 호흡
- 마른기침 또는 헛기침
- 점액이나 혈액이 섞인 기침(가래)
- 가슴에서 거친 소리가 나는 호흡
- 탈수
- 발열
- 무기력증
- 식욕 및 체중 감소
- 조금만 움직여도 쉽게 지치고 힘들어할 정도의 체력 저하

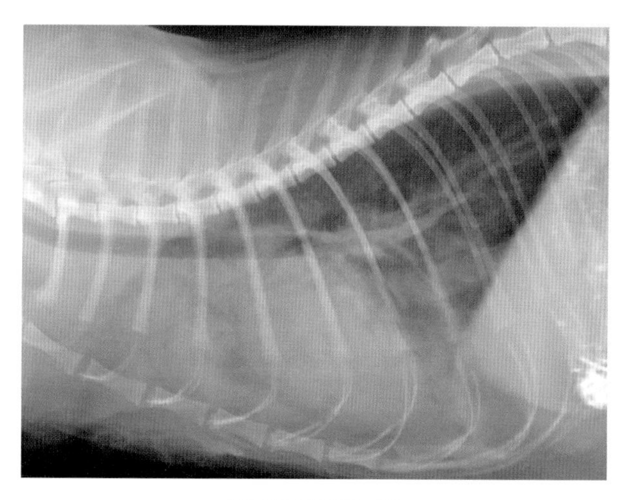

엑스레이에 찍힌 폐렴

폐렴의 치료 및 관리

폐렴의 치료

폐렴은 심각한 질병이지만 제때 치료하면 예후는 좋은 편입니다. 다만 폐렴을 치료하는 데에는 오랜 시간이 걸립니다. 폐렴에 걸린 고양이는 입원 치료가 필요할 수 있으며 증상의 정도에 따라 수액 처치, 산소 공급, 호흡기 치료, 항생제 투여 등의 조치가 이뤄집니다. 식욕 저하로 인해 음식을 전혀 먹지 못한다면 식욕 촉진제를 쓰거나 식도 튜브를 장착하기도 합니다.

폐렴의 관리

치료하는 동안 고양이는 조용하고 편안한 공간에서 충분히 휴식을 취해야 합니다. 무리한 운동은 호흡을 힘들게 하기 때문에 피하는 것이 좋고 양질의 고단백 음식을 급여해 주어야 합니다.

17

숨 쉬는 걸 힘들어해요 : 천식

고양이 천식은 전체 고양이에서 1~5% 정도 나타나며, 사람의 천식과 매우 유사합니다. 주로 흡입된 알레르기 유발 물질인 알러젠(Allergen)에 대한 반응으로 발생하는데, 4~5세의 고양이에게 처음 진단되는 경우가 많고, 샴 고양이와 히말라얀 고양이가 유전적으로 조금 더 잘 걸립니다.

고양이 천식의 원인

고양이가 알레르기 유발 물질에 지속적으로 노출되면 면역 세포들이 기도에 모이기 시작합니다. 기도로 모인 면역 세포가 분비하는 물질들은 기도를 붓게 만들고, 부은 만큼 기도가 좁아져 점액 물질이 배출되지 못하고 쌓이게 됩니다. 이런 과정이 반복되면서 점점 더 기도의 내부가 좁아지므로 고양이가 숨 쉬는 것을 힘들어하게 됩니다.

이런 반응을 유발하는 원인에는 환경적인 요인과 신체적인 요인이 있는데, 이러한 요인들은 기관지에서 염증 반응을 유발하거나 치유를 더디게 만들어 천식을 유발할 수 있습니다.

환경 요인	신체 요인
꽃가루	심장 질환
곰팡이	기생충
화장실 모래 먼지	극심한 스트레스
담배 연기, 향수	비만
알레르기를 일으키는 음식	

고양이 천식의 증상

고양이 천식의 증상으로는 가장 일반적으로 호흡하는 것을 힘들어하는 호흡 곤란 증상입니다. 호흡이 원활하지 않다 보니 빠르고 짧게 호흡하고, 숨을 쉴 때 쌕쌕거리는 소리가 나기도 합니다. 코로 호흡이 어려워 입을 벌리고 숨을 쉬며 동시에 짧은 헛기침을 하고 가끔씩 구토를 하기도 합니다.

이런 증상들은 병의 정도에 따라 다양하게 나타납니다. 처음에는 증상이 약해서 대수롭지 않게 느껴지기도 합니다. 또한 정상적인 일상생활에서 가끔 나타나는 증상들이므로 천식을 의심하지 못할 수도 있습니다. 그럴 때는 기침을 하는 고양이의 자세를 확인해보는 것도 좋습니다. 천식이 있는 고양이라면 낮게 엎드린 자세에서 몸을 위아래로 들썩이며 기침합니다.

천식이 있는 고양이가 기침할 때 보이는 자세

 고양이 천식의 치료 및 관리

천식이 심한 경우 좁아진 기관지를 넓히거나 기관지에 쌓인 분비물을 줄여주는 약을 처방받습니다. 입으로 먹는 경구약도 있지만, 대부분은 흡입기를 사용하는 흡입 약물을 주로 사용합니다. 흡입 약물의 경우 작용 시간이 빨라 천식이 있는 고양이의 증상을 빠르게 가라앉힐 수 있습니다. 공기청정기 등을 사용해 실내 공기를 정화하는 것 역시 천식 고양이에게 도움이 되며, 오메가-3 영양제는 염증 반응을 감소시키므로 치료에 도움이 됩니다.

천식은 안타깝게도 완치되기 어려운 병입니다. 하지만 꾸준히 관리해주고 적절하게 치료를 한다면 천식 고양이가 살아가는 데에는 큰 문제 없이 지낼 수 있습니다.

Dr's advice

고양이 흡입기 사용법

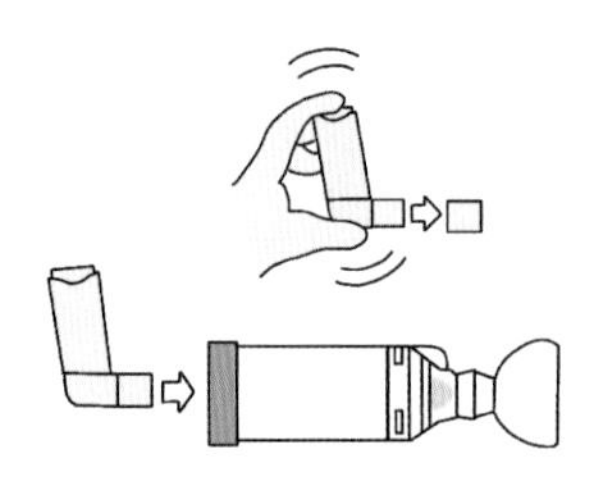

1. 흡입기를 흔든 다음 챔버 뒤쪽에 삽입합니다.

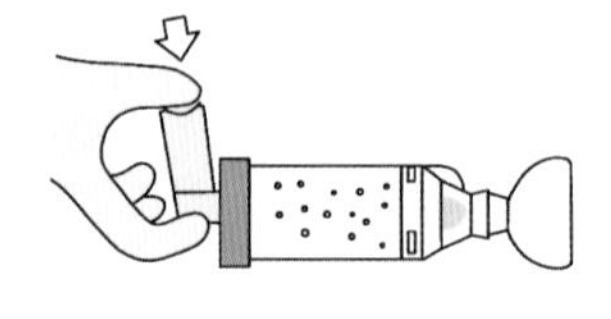

2. 흡입기를 눌러 약물을 배출합니다.

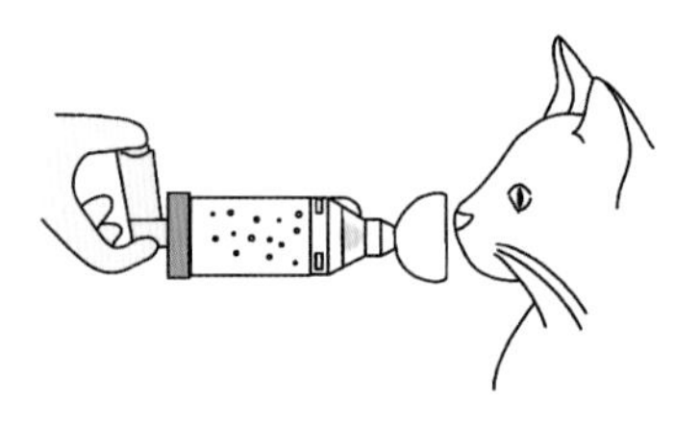

3. 고양이의 코와 입이 가려지도록 마스크를 얼굴에 댑니다. 이때 눈은 가려지지 않도록 합니다.

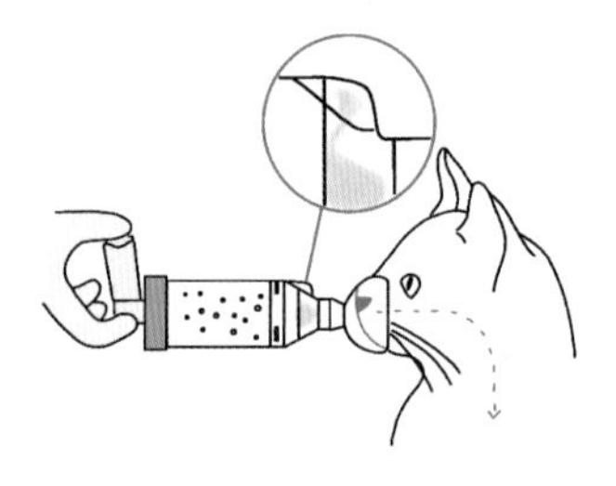

4. 고양이가 7~10회 정도 호흡할 때까지 마스크를 떼지 않습니다.

Dr's Q&A

Q. 천식에 걸린 고양이가 갑자기 기침하면서 발작을 일으켜요. 발작을 예방할 수는 없나요?

A. 완전하게 없앨 수는 없지만, 발작의 횟수를 줄이는 방법은 있습니다. 다음 7가지 원칙을 잘 지킨다면 천식으로 인한 발작을 줄일 수 있습니다.

1. 내부 기생충에 대한 예방을 철저히 하고 주기적으로 검사를 통해 확인합니다.
2. 갑작스러운 변화는 줄이고, 놀이 시간을 늘려 스트레스를 받지 않게 합니다.
3. 향수, 방향제 등 스프레이 형태의 분무기는 사용하지 않습니다.
4. 화장실 모래를 먼지가 적고 향이 없는 두부 모래나 콩 모래로 바꿉니다.
5. 적절한 습도(40~60%)를 유지합니다.
6. 몸무게를 줄이고 활동량을 늘립니다.
7. 담배 연기는 매우 치명적이니 반드시 피합니다.

18

호흡을 힘들어하고 갑자기 다리를 절어요 : 비대성 심근증(HCM)

고양이 비대성 심근증(Hypertrophic cardiomyopathy : HCM)은 심장 내벽이 두꺼워지면서 심장의 기능이 떨어지는 질병입니다. 원인은 명확하게 밝혀져 있지 않으며, 메인쿤, 랙돌, 브리티시 숏헤어, 페르시안 등의 특정 품종에서 많이 발생하는 것으로 보아 유전적인 영향이 있는 것으로 보입니다.

비대성 심근증의 원인

고양이 비대성 심근증은 대부분 유전적인 영향으로 발생합니다. 최근에는 유전자 검사 등을 통해 미리 발병 위험성을 알아보기도 합니다. 비대성 심근증에 걸린 고양이가 보이는 증상이나 예후는 매우 다양하지만, 적절한 진단과 치료를 한다면 증상을 완화하고 삶의 질을 높일 수 있습니다.

비대성 심근증의 증상

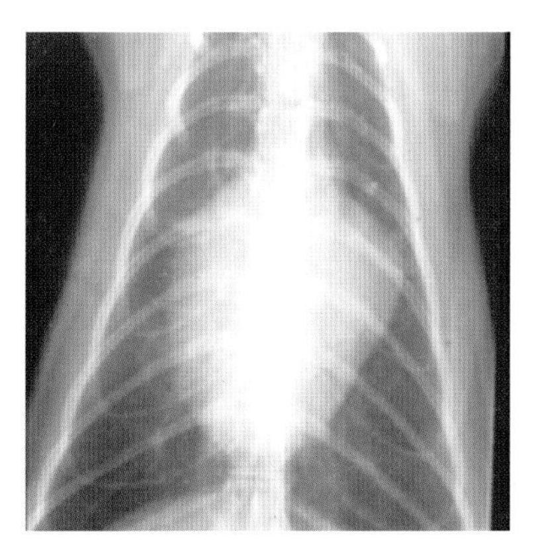

비대성 심근증의 방사선 사진

비대성 심근증의 가장 무서운 점은 대부분의 고양이에게 별다른 증상이 나타나지 않는다는 것입니다. 특별히 아파 보이지도 않아서 별다른 증상 없이 있다가 갑작스럽게 사망하기도 합니다. 일부 고양이들은 숨을 쉬기 힘들어하거나 빠르게 호흡하고, 입을 벌리고 숨을 쉬는 등의 증상을 보이기도 합니다. 이 증상들은 비대성 심근증이 악화되어 울혈성 신부전이 생겼을 때 나타나는 증상으로, 폐 주변에 물이 차면서 호흡기에 장애가 생긴 것입니다. 이런 증상을 보이면 빠르게 병원에 방문해야 합니다.

눈에 띄지 않는 또 다른 증상으로는 혈전이 있습니다. 심장에서 만들어진 혈전은 혈관을 따라 흐르다가 엉뚱한 곳의 혈관을 막기도 합니다. 혈전이 다리 혈관을 막으면 갑작스러운 통증이 생기거나 심한 경우 다리를 쓰지 못하게 되기도 합니다. 조기에 진단하고 치료할 경우 이와 같은 혈전의 위험을 줄일 수 있습니다.

비대성 심근증의 치료 및 관리

비대성 심근증의 위험성이 있는 고양이는 주기적인 검사를 통해 발병 여부를 꾸준히 확인하는 것이 좋습니다. 빨리 발견할수록 합병증은 줄이고 삶의 질을 높일 수 있기 때문입니다. 집에서는 수면 중 호흡수를 꾸준히 체크하여 호흡을 힘들어하거나 빨라지지는 않았는지 확인하고, 다리를 아파하거나 잘 쓰지 못하는 경우가 생기면 즉시 병원에 내원해서 치료를 받도록 합니다. 울혈성 심부전의 증상이 나타났다면 꾸준한 투약이 필요합니다. 증상의 정도에 따라 위험성은 다르지만 어린 고양이의 경우 진행이 더 빠르고 예후는 더 좋지 않은 경우가 많으니 조기에 발견해서 적절한 치료를 받는 것이 중요합니다.

아직 증상이 나타나지 않은 위험 품종의 고양이에 대한 관리법은 현재로선 없습니다. 다만 심장 보조제와 초기 심장 질환 사료 또는 신장 사료로 바꿔서 급여해주는 것이 도움이 될 수 있습니다.

Dr's Q&A

Q. 비대성 심근증 위험 품종을 키우는 보호자입니다. 아이에게 비대성 심근증이 있는지 알고 싶은데 어떤 검사를 해야 하나요?

A. 혈액으로 간단하게 심근의 스트레스 정도를 알아볼 수 있는 proBNP 키트가 있습니다. proBNP 키트는 심장의 이상 유무만을 알 수 있는 스크리닝 검사입니다. proBNP 검사에서 이상이 있다면, 곧바로 여러 검사를 통해 정확하게 심장 상태를 평가해야 하며, proBNP 검사에서 이상이 없는 경우 심장병의 위험은 상당히 낮다고 볼 수 있습니다.

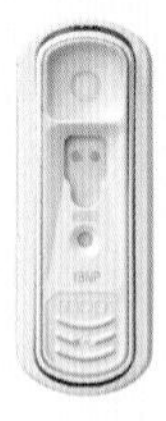

proBNP 검사 키트 결과
(정상이라면 오른쪽의 파란색 점이 없거나 옅게 나타납니다.)

19 

눈곱이 자주 끼고 코가 막혀요 : 상부 호흡기 감염증

어린 고양이의 코와 눈 주변이 갈색이나 노란색의 분비물로 지저분하고, 호흡하는 소리가 거칠게 들리거나 재채기를 자주 한다면 상부 호흡기 감염증에 걸렸을 가능성이 큽니다. 면역력이 약한 어린 고양이에게 주로 나타나고, 여러 마리가 함께 생활하는 환경에서는 더욱 쉽게 감염됩니다. 상부 호흡기 감염증은 사람에게 영향을 주진 않지만 어린 고양이는 위험할 수 있으므로 빨리 치료해 주어야 합니다. 특히 연두색이나 녹색의 분비물이 보인다면 즉시 항생제 처방이 필요한 상황입니다.

 상부 호흡기 감염증의 원인

세균성 원인과 바이러스성 원인으로 나눌 수 있습니다. 세균성 원인균에는 보데텔라 브론키셉티카(Bordetella bronchiseptica)와 마이코플라즈마(Mycoplasma)가, 바이러스성 원인으로는 허피스 바이러스와 칼리시 바이러스가 있습니다. 허피스 바이러스와 칼리시 바이러스의 경우에는 호흡기 감염뿐 만 아니라 결막염의 원인으로도 작용합니다.

 상부 호흡기 감염증의 증상

눈과 코에서 점액성 분비물이 나와 얼굴이 지저분해지고 재채기를 자주 하거나 호흡이 거칠어집니다. 또한 식욕 부진으로 인해 음식을 잘 먹지 않아 체중이 감소하기도 합니다. 칼리시 바이러스에 의한 호흡기 감염이 있는 고양이는 입속과 관절에도 염증이 발생할 수 있습니다. 입속에 생긴 염증은 통증을 유발하여 음식을 먹기 어렵게 만들고, 관절에 생긴 염증은 보행을 불편하게 합니다.

 상부 호흡기 감염증의 치료 및 관리

상부 호흡기 감염증의 치료

항생제 내복약과 분무 치료가 주요한 방법입니다. 항생제 복용을 통해 원인이 되는 바이러스를 치료하고, 분무 치료를 통해 상부 호흡기 안쪽에 있는 염증성 분비물들의 배출을 용이하게 만듭니다. 눈에 염증이 있는 경우에는 안약도 함께 사용해야 합니다.

상부 호흡기 감염증의 관리

집에서 관리할 때는 먼저 부드러운 티슈로 눈과 코의 분비물을 닦아냅니다. 딱지처럼 굳은 분비물은 손수건에 따뜻한 물을 적셔 부드럽게 닦아내면 잘 떨어집니다. 면역력을 높이기 위해서 영양제를 먹이는 것도 좋지만, 무엇보다 잘 먹여야 합니다. 상부 호흡기 감염증에 걸린 고양이는 코가 막혀 냄새를 맡지 못하기 때문에 식욕이 떨어질 수 있습니다. 평소에 잘 먹던 캔을 먹이거나, 음식을 데워서 주는 방법도 좋습니다. 음식을 살짝 데우면 냄새가 더욱 쉽게 퍼져 식욕을 자극할 수 있습니다. 그래도 안 먹는다면 주사기나 튜브를 사용해서 먹이는 방법도 있습니다. 그밖에 물기가 많은 캔 사료를 주거나 물을 자주 갈아주어 탈수되지 않도록 수분 공급에 신경 써야 하고, 프로바이오틱스를 통해 면역력을 높이면 호흡기 감염증의 치료에 도움을 줄 수 있습니다.

Dr's advice

어린 고양이라면 혼합 백신을 접종하세요.

이미 고양이를 키우고 있는 집에 어린 고양이를 데려오는 경우라면 한 달 전에 혼합 백신을 미리 접종하는 것이 좋습니다. 어린 고양이에게 예방적인 차원으로서의 백신은 상부 호흡기 감염 위험성을 상당히 줄여줄 수 있습니다. 또한 집에 데려와서도 바로 합사하지 말고 2주 정도는 격리하는 것이 좋습니다. 격리 기간은 혹시 모를 감염도 막아주지만 갑작스러운 합사로 인한 불협화음을 줄이고 서서히 익숙해지는 시간을 갖게 만들어줍니다.

20

소변을 자주 보는데 양이 적어요 : 하부 요로기계 질환(FLUTD)

하부 요로기계 질환(Feline lower urinary tract disease : FLUTD)은 특정 질병을 지칭하는 것이 아니라 고양이의 방광 및 요도에서 발생하는 여러 가지 문제들을 함께 이르는 말입니다. 매년 전체 고양이의 1~3%가 요로 질환으로 고통을 받고 있습니다.

하부 요로기계 질환의 원인

모든 연령의 고양이가 성별과 관계없이 요로 질환에 걸릴 수 있지만, 보통 중간 연령의 고양이에게서 더 자주 보입니다. 운동을 거의 하지 않아 비만이거나 중성화 수술을 한 경우에도 그렇지 않은 고양이에 비해 요로 질환에 걸릴 확률이 높습니다. 또한 건식 사료를 주로 먹는 고양이도 주의해야 합니다.

요로 질환으로 진행될 가능성이 높은 질병

취약한 조건을 가진 고양이들에게 다음과 같은 질병이 있는 경우 요로 질환으로 진행될 가능성이 매우 높습니다.

- **결석** : 방광에 생기는 결석은 전체 요로 질환 사례 중 10~15% 정도를 차지합니다. 방광에 생긴 작은 결석이 요도로 내려오게 되면 요도가 폐색되어 응급 상황이 생길 수 있습니다.
- **세균성 방광염** : 일반적인 요로 질환의 가장 흔한 원인이지만, 고양이에게 세균성 방광염은 그리 흔하지 않습니다. 전체 요로 질환의 5~15% 정도를 차지하는데, 나이가 어린 고양이보다는 나이가 많은 고양이에게 더 흔하게 발견됩니다.
- **요도 찌꺼기(슬러지)** : 수컷 고양이의 경우 요도에 쌓인 찌꺼기에 의해 폐색이 발생할 수 있습니다. 슬러지는 방광 내의 단백질이나 작은 결정들, 파편들이 모여서 만들어지며, 이렇게 만들어진 덩어리가 요도를 막아 문제를 일으킵니다.
- **요도 협착** : 손상된 요도가 치유되는 과정에서 주변 섬유 조직 때문에 요도가 좁아질 수 있습니다. 이렇게 좁아진 요도는 배뇨를 어렵게 만듭니다.
- **종양** : 나이가 많은 고양이에게 갑작스럽게 요로 질환이 발생했다면 종양도 의심해 보아야 합니다. 커진 종양이 방광이나 요도를 압박하면서 증상이 나타날 수 있습니다.

• **특발성 방광염** : 특발성 방광염은 외인성 원인이 확실하지 않은 방광염을 말하며 스트레스가 원인이 되는 경우가 많습니다. 고양이의 경우 섬세하고 예민한 성격 탓에 특발성 방광염이 원인인 경우가 60~70%에 달합니다.

하부 요로기계 질환의 증상

• **빈뇨** : 소변을 보는 횟수가 잦은 증상을 말합니다. 방광이나 요도의 감염은 자극을 유발하므로 더 자주 소변을 보러 갑니다. 평소보다 화장실을 자주 들락거리고 소변의 덩어리가 작아졌다면 요로 질환을 의심해 볼 수 있습니다.

• **혈뇨** : 혈액이 섞인 소변을 말합니다. 혈뇨는 정도에 따라 다양하게 나타나기 때문에 심하지 않다면 정상 소변처럼 보이기도 합니다. 검사를 통해 알아내거나 색이 변하는 모래를 사용해서 알아볼 수 있습니다.

Dr's advice

혈뇨를 초기에 알아보는 방법

고양이가 화장실 사용을 불편해하거나 소변의 양이 줄었다면 혈뇨를 보지는 않는지 확인해 볼 필요가 있습니다. 경미한 증상일 때는 혈뇨를 육안으로 확인하기 어려우니 혈뇨를 보았을 때 색깔이 바뀌는 모래를 화장실 모래에 섞어 두면 쉽게 알아볼 수 있습니다.

• **소변 실수** : 평소 화장실 이용에 문제가 없었으나 방광이나 요도의 염증으로 인해 통증이나 자극을 받은 경우 화장실 주변에 소변 실수를 하기도 합니다.

- **과도한 그루밍** : 고양이는 불편한 곳이 있으면 그 주변을 핥는 습성이 있습니다. 방광과 요도에 통증과 자극이 생기면 생식기 주변을 과도하게 핥기도 합니다.
- **행동의 변화** : 배뇨 시의 통증 때문에 화장실 사용을 꺼리게 되거나 예민해져서 공격성을 보이기도 합니다.
- **무뇨** : 소변을 보지 못하는 상태입니다. 여러 번 소변을 보려고 해도 볼 수 없거나 겨우 몇 방울 짜내는 수준이라면 응급 상황이므로 바로 병원에 데려가야 합니다. 암컷 고양이보다는 수컷 고양이에게 더 자주 발생합니다.

Dr's Q&A

Q. 고양이에게 하부 요로기계 질환이 있는지 어떻게 알 수 있나요?

A. 하부 요로기계에 장애가 있는 고양이는 몇 가지 행동과 자세만 봐도 어느 정도 유추할 수 있습니다. 행동으로는 아무 곳에나 소변을 보거나 반대로 아예 소변을 보지 못하기도 합니다. 소변에 피가 섞여 나오기도 하고 배뇨 시의 통증으로 울기도 합니다. 이 외에도 고양이가 서 있는 자세를 통해서도 질환의 유무를 확인할 수 있습니다.

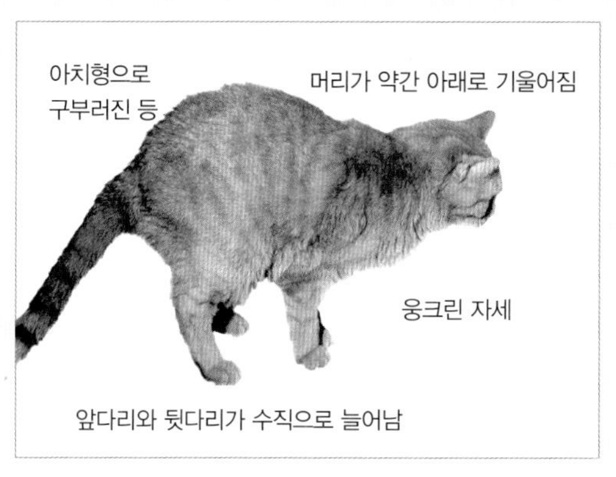

하부 요로기계 질환의 치료 및 관리

검사를 통해 정확한 요로 질환의 원인을 알아낸 뒤 각각의 원인에 따른 치료가 이루어져야 합니다. 하지만 공통적인 목표는 '음수량을 늘리는 것'입니다. 음수량이 늘면 더 자주 소변을 보게 되고 방광 내에 찌꺼기나 결석이 쌓이는 것을 막을 수 있기 때문입니다.

원인에 따른 치료 방법

- **결석** : 방광 결석의 경우 수술로 결석을 제거해야 합니다. 결석을 제거한 후에는 반드시 성분 분석을 통해 결석의 종류가 무엇인지 파악합니다. 스트루바이트(Struvite) 결석의 경우 인산, 암모늄, 마그네슘이 주성분이므로 처방 사료를 사용하여 녹이거나 예방할 수 있지만, 그 외의 결석들은 녹지 않고 예방도 까다롭습니다. 결석 예방 사료는 결석의 재발을 줄이는 데 도움이 됩니다.
- **세균성 방광염** : 세균성 방광염은 소변을 배양해서 진행하는 항생제 감수성 검사를 통해 적절한 항생제를 찾아 사용합니다. 고양이에게는 세균성 방광염이 상대적으로 드물게 발생하지만, 의심되는 경우에는 항생제 사용 전에 소변을 채취하여 검사하는 것으로 확실하게 감별할 수 있습니다.
- **요도 찌꺼기(슬러지)** : 요도 찌꺼기에 의한 요도 폐색은 응급 상황이므로 바로 뚫어주어야 합니다. 모르고 방치했다가 요도가 2~3일 정도 막히게 되면

급성 신부전을 유발할 수 있습니다. 요도 폐색은 통증과 자극이 심한 상태이기 때문에 마취 없이 개통하려 하면 심각한 손상을 유발할 위험이 있어 반드시 마취 후에 치료합니다. 개통 후에는 요도 카테터를 삽입하고, 방광 세척과 관류를 위해 입원을 하게 될 수도 있습니다.

- **요도 협착** : 한번 요도 협착이 발생하면 지속적으로 문제를 유발하기 때문에 수술하는 편이 좋습니다. 협착이 발생한 위치와 정도에 따라 수술의 효과는 다를 수 있습니다.
- **종양** : 고양이에게 방광 종양은 매우 드문 질환입니다. 만약 종양이 생겼다면 수술할 수 있는 위치의 종양은 수술로 제거하고, 수술을 할 수 없다면 항암 요법으로 종양의 크기를 줄입니다.
- **특발성 방광염** : 특발성 방광염의 발생 원인은 특정하기 어려워 치료법이 정확하지 않습니다. 일반적으로는 물을 많이 먹이거나 주변 자극을 최소화해 스트레스를 줄여주는 것이 최선이고, 치료 시에는 충분한 기간을 두고 약을 투여합니다.

21

화장실을 너무 자주 가요 : 특발성 방광염(FIC)

고양이 요로 질환의 원인 중 가장 많은 비중을 차지하는 것은 바로 특발성 방광염(Feline idiopathic cystitis : FIC)입니다. 요로 질환의 60~70%의 비중을 차지하지만 정확한 원인을 알기 어렵기 때문에 치료나 관리가 까다로운 것이 특징입니다.

특발성 방광염의 원인

특발성 방광염의 원인은 한 가지로 특정하기 어렵습니다. 하지만 특발성 방광염을 보이는 고양이들은 다음과 같은 이상이 있을 수 있습니다.

- **방광 내벽의 이상** : 방광 벽에는 방광 세포를 보호하는 점액층이 있습니다. 특발성 방광염이 있는 고양이는 이 점액층에 문제가 있을 수 있습니다. 점액층에 문제가 생기면 세포가 손상되고 염증이 생깁니다.

- **신경성 염증** : 방광 벽의 신경은 결석 등의 직접 접촉에 의해서도 자극되지만, 뇌로부터의 명령에 의해서도 자극됩니다. 이러한 자극은 통증과 염증을 악화시키는 신경 전달 물질을 내보내어 문제를 일으키기도 합니다.
- **스트레스** : 스트레스는 특발성 방광염의 주요 원인으로 꼽힙니다. 고양이가 명백하게 스트레스를 받을 만한 상황을 겪은 후 질병이 발생하는 경우가 흔하기 때문입니다. 고양이는 매우 예민한 동물이기 때문에 집에서만 생활한다거나, 다른 고양이와 공간을 공유하는 경우에는 명백한 스트레스 상황이 없더라도 스트레스를 받기도 합니다.
- **비정상적인 스트레스 반응** : 스트레스에 대한 반응이 정상적인 고양이와는 다른 것을 말합니다. 정상적인 고양이의 경우 스트레스를 받으면 스트레스 호르몬인 코티졸(Cortisol)의 농도가 올라가지만, 특발성 방광염이 있는 고양이의 경우 정상 이하의 코티졸 농도를 보이게 됩니다. 유전적인 문제가 있는 것으로 보이지만 아직 정확한 발병 기전은 밝혀지지 않았습니다.

특발성 방광염의 증상

- **배뇨 장애** : 소변을 볼 때 아파하거나 잘 보지 못합니다.
- **빈뇨** : 자주 화장실을 들락거립니다.
- **혈뇨** : 혈액이 섞인 소변을 봅니다.
- **소변 실수** : 화장실 밖에 소변을 봅니다.
- **과도한 그루밍** : 생식기 주변을 과도하게 핥습니다.

특발성 방광염이 있는 고양이는 일반적인 요로 질환과 비슷한 증상들을 반복적으로 보입니다. 증상이 나타났다가 자연스럽게 사라지기도 하지만, 쉽게 재발하거나 오랫동안 증상이 지속되기도 합니다. 특발성 방광염은 심한 방광염을 일으켜서 방광벽을 두껍게 만들기도 합니다.

 특발성 방광염의 치료 및 관리

특발성 방광염의 재발을 막기 위해서는 여러 가지 변화가 필요합니다. 초기에는 약물을 이용하는 것이 도움이 되지만, 장기적으로 재발을 막으려면 약물보다는 식이 요법과 환경 정비가 훨씬 중요합니다.

약물의 사용

특발성 방광염 초기에 증상이 심하다면 약물을 처방하여 빠르게 진정시킬 수 있습니다.

- **항생제** : 반드시 필요한 것은 아니지만 추가적인 감염을 막기 위해 사용하기도 합니다.
- **항우울제** : 증상이 심한 특발성 방광염에 도움이 될 수 있습니다.
- **진통제** : 통증이 심하다면 고통을 줄이기 위해 사용합니다.

식이 요법

요로 질환에 사용하는 수의사 처방식은 특발성 방광염에도 도움이 됩니다. 건식 사료보다는 습식 사료를 먹이는 게 수분 섭취량을 늘리는 데에 좋으며, 건식 사료밖에 없다면 사료를 물에 말아 촉촉한 상태로 급여합니다. 사료를 체온 정도로 따뜻하게 데워 주면 선호도를 높일 수 있습니다. 만약 고양이가 특정 사료에 집착한다면 기존 사료에 새로운 사료를 조금씩 섞고 천천히 비율을 늘려가면서 새로운 사료로 바꿔주면 됩니다.

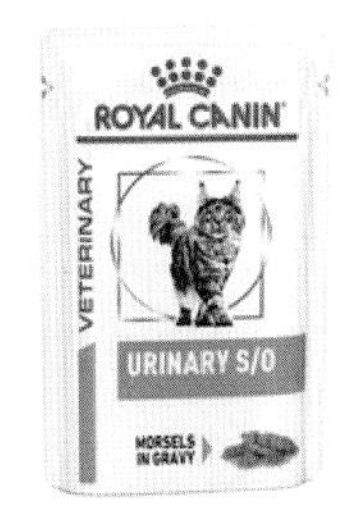

수의사 처방 사료들

음수량 늘리기

고양이는 아주 예민한 동물이기 때문에 물그릇 하나에도 신경을 써야 합니다. 물그릇은 플라스틱이나 철제 그릇보다는 사기나 유리그릇을 준비합니다. 고양이는 그릇에 수염이 닿는 것을 싫어하니 좁고 깊은 그릇보다는 넓고 얕은 그릇을 선택하는 것이 좋습니다. 물그릇은 여러 곳에 놓아 물을 자주 접할 수 있도록 하고, 물을 자주 갈아 깨끗한 상태를 유지합니다. 분수 형태의 정수기를 사용하면 조금 더 깨끗한 상태의 물을 제공할 수 있습니다. 물을 잘 안 먹는다면 물에 닭고기 육수나 참치 통조림 국물을 첨가해 맛을 내도 좋습니다.

맞춤형 화장실

화장실이 편안해야 고양이도 안심하고 볼일을 볼 수 있습니다. 여러 마리의 고양이가 함께 살고 있다면 적어도 고양이 수만큼의 화장실이 있어야 하며, 여유가 된다면 '고양이 수 + 1개' 정도는 준비해줍니다. 화장실의 위치와 모래의 종류 또한 화장실 사용에 영향을 줄 수 있습니다. 고양이가 좋아하는 장소가 어디인지, 좋아하는 모래가 무엇인지 찾아보고 맞춰줍니다.

Dr's advice

이상적인 화장실이란?

① 위치

고양이는 조용하고 방해받지 않으면서도 주변을 한눈에 확인할 수 있는 공간을 선호합니다. 사람이 자주 지나다니거나, 갑자기 큰 소리가 날 수 있는 장소는 좋지 않습니다. 화장실에서 볼일을 보다가 깜짝 놀라는 단 한 번의 경험만으로도 고양이는 화장실 사용을 꺼리게 됩니다.

② 모래

보호자들은 먼지가 적은 두부 모래나 콩 모래를 선호하지만, 보통 고양이들은 벤토나이트 모래를 선호합니다. 물론 모든 고양이가 그런 것은 아니니 여러 가지 모래를 바꿔가며 좋아하는 모래를 찾아주도록 합니다.

스트레스 줄이기

고양이들이 스트레스를 받는 이유는 다양합니다. 가족 구성원에 변화가 생기거나 고양이의 수가 너무 많아 자신만의 공간을 확보하지 못했을 때, 함께 사는 고양이와 다툰 경우에도 스트레스를 받습니다. 또한 갑작스럽게 사료가 바뀌거나 보호자가 스트레스를 받아 괴로워하면 고양이에게도 스트레스가 전염됩니다. 이 중 가장 흔한 스트레스의 원인은 함께 사는 고양이와의 다툼입니다. 보호자가 보기에는 잘 지내는 것 같아도 문제가 될 소지는 언제나 존재합니다. 함께 살지만 혼자만의 독자적인 공간을 만들어주어 적당히 격리하는 것이 도움이 됩니다.

실내에서만 생활하는 고양이라면 제한된 공간에서 오는 부족한 자극이 스트레스의 원인이 되기도 합니다. 이럴 때는 매일 시간을 정해 고양이와 놀아주도록 합니다. 놀 때는 매번 다른 종류의 장난감을 사용해서 흥미를 끄는 것이 중요합니다. 또한 고양이가 기본적인 욕구를 채울 수 있도록 숨어서 쉴 수 있는 공간을 마련해 주고, 창가에 캣타워를 두어 밖을 구경할 수 있게 하고, 스크래치를 할 수 있는 도구도 마련해 주어야 합니다. 가끔은 야외 활동을 통해 흥미를 유발하고 삶에 자극을 주는 것도 좋습니다. 펠리웨이(고양이에게 안정감을 주는 페로몬 디퓨져) 등의 합성 페로몬이 도움된다는 이야기도 있지만, 확실한 연구 결과가 있는 것은 아니니 사용에 주의하는 편이 좋습니다.

Dr's advice

고양이의 소변량을 측정해 관리해요.

특발성 방광염으로 고통받고 있다면 물을 많이 먹어서 소변 배출량을 늘리도록 합니다. 증상이 완화되면 재발 방지를 위해 환경을 풍부하게 조성하여 스트레스를 낮추고 고양이가 즐겁게 살아가도록 도와줍니다.

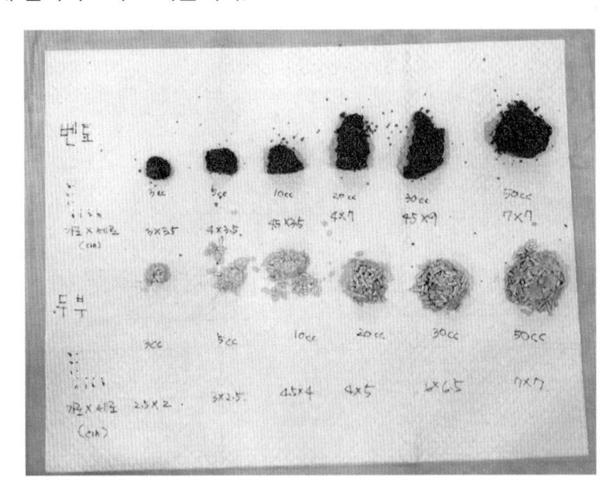

고양이의 소변량 측정하기

22

소변의 양이 갑자기 줄어들었어요 : 방광 결석

방광 결석은 방광에 생기는 돌과 같은 결정을 말합니다. 여러 가지 이유로 발생하는데, 조건에 따라 다양한 모양과 크기로 생기고 결정의 성분도 각각 다릅니다.

방광 결석의 원인

방광 결석이 생기는 데에는 다양한 원인이 있습니다. 먼저 음수량이 감소해 소변에 암모늄이나 마그네슘, 인산 등의 미네랄 농도가 높아짐으로써 소변 pH에 변화가 생긴 경우 발생합니다. 요로 감염이나 선천성 간 질환과 같은 질병으로 생기기도 하며, 특정 약물이나 식이 보조제의 부작용으로 생기기도 합니다. 페르시안이나 히말라얀 고양이에게서 칼슘 결석이 잘 생기는 것으로 보아 품종별 소인도 원인이 될 수 있습니다.

방광 결석의 증상

- **혈뇨** : 방광 안의 결석이 방광 벽을 문지르고 자극하여 출혈이 일어납니다.
- **배뇨 장애** : 결석으로 인해 생긴 염증과 부종으로 소변보는 것이 불편해집니다.
- **빈뇨** : 적은 양의 소변을 자주 봅니다.
- **소변 실수** : 평소에 보지 않던 곳이나 화장실 주변에 소변을 봅니다.
- **통증** : 소변을 볼 때 힘들어합니다. 통증으로 인해 활동성이 줄거나 예민해지기도 합니다.
- **핍뇨** : 소변의 양이 급격히 줄어듭니다. 작은 결석의 경우 요도를 막아 소변을 볼 수 없게 만들기도 하는데, 이런 경우는 매우 위급한 상황이므로 즉시 병원에서 치료받아야 합니다.

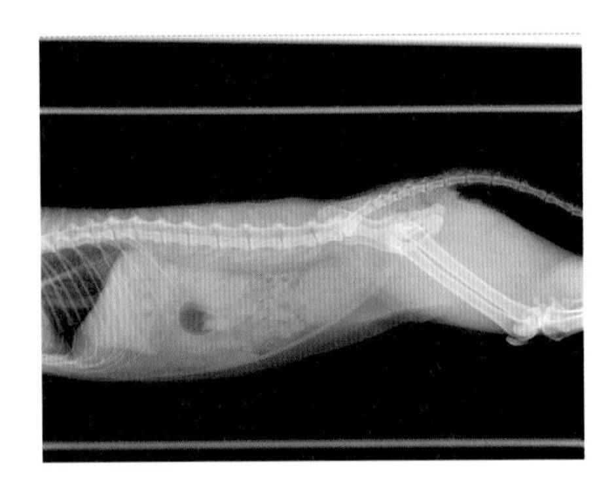

방광 내의 결석

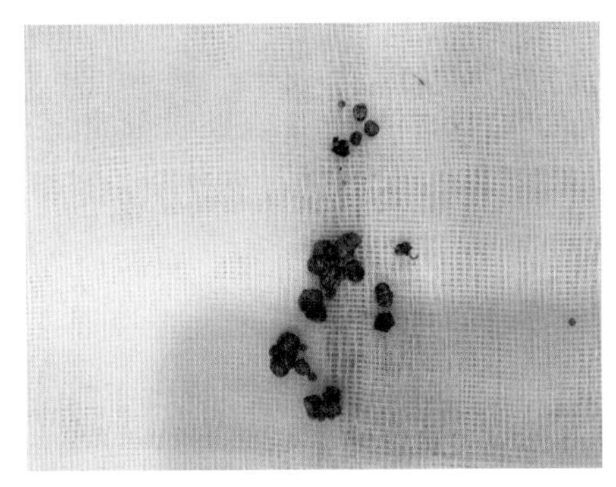

제거된 결석

방광 결석의 치료 및 관리

방광 내에 있는 돌은 수술을 통해 제거해야 합니다. 제거 후에는 성분 분석을 통해 어떤 종류의 결석인지 확인하고, 결석의 종류에 따라 재발을 방지하기 위한 처방 사료를 선택하여 먹입니다. 음수량은 충분히 늘리고 3개월에 한 번씩 초음파, 방사선, 요 검사를 통해 결석의 재발 여부와 관리 상태를 확인해야 합니다.

Dr's advice

물을 충분히 먹고 있는지 확인하는 방법

주기적으로 소변의 비중을 체크합니다. 요 비중은 물을 많이 먹고 소변을 자주 볼수록 낮아지는데, 요 비중이 1.020보다 높다면 고양이의 물 섭취를 늘려주어야 합니다.

23

살이 갑자기 빠지고 무기력해졌어요 : 만성 신부전

만성 신부전은 나이 든 고양이의 가장 흔한 질병 중 하나로, 신장의 기능이 천천히 상실되는 것을 말합니다. 신장이 담당하는 독소 및 노폐물 배출, 정상적인 혈액 및 혈압 유지, 전해질 균형 유지 등을 하지 못하게 되면서 다양한 증상이 나타납니다. 급성 신부전과의 차이점은 급성의 경우 다시 정상으로 돌아올 수 있지만, 만성 신부전은 정상으로 돌아오지 못한다는 것입니다.

만성 신부전의 원인

만성 신부전은 나이가 가장 주요한 원인이지만 다음과 같은 경우에도 발병할 수 있습니다.

- **다낭성 신장 질환** : 페르시안 고양이의 유전병으로 신장에 여러 개의 물주머니가 생기는 질환입니다.

- **신장 종양** : 고양이 림프종은 신장에 과한 부담을 줄 수 있습니다.
- **세균 감염** : 세균 감염으로 인해 발생한 신우신염은 신장에 손상을 일으켜 만성 신부전의 원인이 됩니다.
- **독소** : 신장에 영향을 주는 독소의 섭취는 항상 주의해야 합니다.
- **사구체 신염** : 사구체 신염이 지속되면 만성 신부전으로 진행되기도 합니다.
- **아밀로이드증** : 아밀로이드 단백질이 신장에 쌓이면서 신장 기능을 떨어뜨립니다.
- **신장 결석/요관 결석** : 신장이나 요관에 생긴 결석은 정상적인 소변 배출을 막기 때문에 신장에 부담을 줍니다.
- **바이러스 질병** : 고양이 백혈병 바이러스(FeLV), 고양이 복막염 바이러스(FIP) 등의 바이러스 감염증은 만성 신부전의 원인이 될 수 있습니다.

 만성 신부전의 증상

신부전의 심각한 증상은 신장 기능의 75%가 소실된 후에야 나타나기 시작합니다. 신부전으로 인한 미묘한 변화는 가끔 나이 든 고양이의 정상적인 증상으로 치부되기도 하여 세심한 관찰이 필요합니다. 나이 든 고양이에게 변화가 생겼다면 정상으로 보기 전에 검진을 통해 이상 유무를 확인해봐야 합니다. 만성 신부전 고양이는 다음의 증상들을 보일 수 있습니다.

- 체중 감소
- 털이 푸석해짐
- 간헐적인 구토
- 무기력
- 다음/다뇨
- 고혈압
- 빈혈(창백한 잇몸)

Dr's advice

만성 신부전의 조기 진단 검사 SDMA(Symmetric DiMethylArginine)

SDMA 검사용 패널

이전 검사들은 수치의 변화가 신장 기능의 75% 이상이 망가져야만 나타났기 때문에 신부전을 조기에 진단하기가 어려웠습니다. 하지만 지금은 최근에 개발된 SDMA 검사로 30~40%의 신장 손상도 진단할 수 있습니다. 이로 인해 만성 신부전의 초기 단계부터 신장을 관리할 수 있게 되었습니다.

만성 신부전의 치료 및 관리

치료와 관리의 목적은 질병을 완전히 낫게 하는 것이 아닙니다. 만성 신부전은 다시 정상으로 돌아갈 수 없으므로 지속적인 관리를 통해 병이 급속도로 악화되는 것을 막고, 고양이가 조금이라도 더 나은 삶을 살 수 있도록 하는 것이 목적입니다. 다음과 같은 조치를 통해 신장이 받는 부담을 줄이고 신장이 하지 못하게 된 기능을 대신하여 삶의 질을 올리고 수명도 늘릴 수 있습니다.

- **식이 요법** : 식이 요법은 병의 진행을 늦추어 수명을 연장하고, 삶의 질을 높여줍니다. 단백질, 인, 나트륨의 함량을 제한하고 비타민, 섬유질, 항산화제가 포함되어 있는 식이 제한 사료로 바꿔야 합니다. 기존 사료에서 식이 제한 사료로 바꿀 때는 천천히 오랜 시간을 들여서 바꾸어야 고양이가 스트레스를 받지 않고 자연스럽게 바꿀 수 있습니다.
- **인 수치 관리** : 만성 신부전이 있는 고양이는 쉽게 인 수치가 상승할 수 있습니다. 혈중 인 수치는 질병의 진행 정도를 파악하는 데 아주 중요하며, 인 수치가 높으면 그만큼 수명이 줄어듭니다. 인 수치가 높아지지 않도록 혈액 내의 인과 결합하여 배출시켜주는 인 바인더를 처방받아 먹입니다.
- **고혈압 관리** : 높은 혈압은 신부전이 원인이 되기도 하지만 신부전을 악화시키기도 합니다. 혈압을 조절하는 약물로 관리해야 합니다.
- **단백뇨 치료** : 만성 신부전에서 나타나는 단백뇨 역시 신장의 손상을 가속화합니다. 소변 검사에서 단백뇨를 진단받았다면 관련 약물로 치료해야 합니다.
- **빈혈 예방** : 신장은 골수에서 적혈구를 만들도록 지시하는 호르몬도 생산합니다. 만성 신부전 상태에서는 이 호르몬이 부족해서 빈혈이 생길 수 있는데, 이런 경우에는 외부에서 적혈구 생성을 촉진하는 호르몬을 넣어주어야 합니다.
- **항생제 사용 주의** : 만성 신부전이 있는 고양이는 정상 고양이에 비해 방광 감염이 쉽게 발생합니다. 방광 감염이 있으면 항생제를 처방받을 수 있는데, 항생제는 신장 기능에 영향을 줄 수 있으므로 요 배양을 통한 감염 여부 확인 후에 제한적으로만 사용해야 합니다.

- **칼륨 보충** : 만성 신부전 고양이는 소변으로 칼륨이 배출되어 저칼륨 혈증에 빠질 수 있습니다. 칼륨이 부족해지면 근육이 약해지고 뻣뻣해지며, 모질이 거칠어집니다. 또한 신장 질환을 악화시킬 수도 있으므로 적절한 칼륨 영양제가 필요합니다.
- **투석** : 만성 신부전 고양이에게 갑작스럽게 급성 질환이 발생했다면 투석을 생각해 볼 수 있습니다. 혈액 투석은 높아진 신장 수치를 낮추고 노폐물도 걸러주어 신장이 정상화될 때까지 시간을 벌어줍니다. 단점은 비용이 많이 들고 투석이 가능한 병원이 적다는 것입니다.

24 

밥을 잘 먹지 않고 화장실을 못 가요 : 급성 신부전

급성 신부전은 신장이 갑작스럽게 여과 기능을 수행하지 못하게 되는 것을 의미합니다. 신장은 독소 및 노폐물 배출, 정상적인 혈액 및 혈압 유지, 전해질 균형 유지 등의 중요한 기능을 담당하고 있는데, 급성 신부전이 발생하면 독소와 노폐물을 제대로 배출하지 못해 체내에 쌓이게 되고, 탈수와 전해질 불균형 등이 나타날 수 있습니다. 증상을 빨리 발견하여 치료하면 다시 정상으로 돌아올 수 있지만, 손상이 심해지면 회복이 어렵고 심할 경우 죽을 수도 있으므로 어떤 질병보다도 빠른 치료가 중요합니다.

급성 신부전의 원인

급성 신부전은 요관이나 요도의 폐색으로 소변을 보지 못하거나 저혈압으로 인해 신장으로 가는 혈액의 양이 줄어들면서 발생할 수 있습니다. 부동액이나 중금속과 같은 독성 물질에 중독되었거나 소염 진통제의 부작용으로도 나타날 수 있으며, 신우신염이나 복막염 등의 염증성 질병이 심해지면서 급성 신부전으로 악화될 수 있습니다. 그밖에 심부전이나 응고 장애가 있는 경우에도 발생합니다.

급성 신부전의 증상

소변을 너무 자주 보거나 아예 안 보기도 합니다. 구토나 설사 등의 소화기 질환을 보이기도 하며, 식욕 부진으로 인해 무기력증까지도 나타납니다. 또한 입 냄새가 아주 심해지는데 마치 소변 냄새와도 같은 고약한 냄새가 납니다.

급성 신부전의 치료 및 관리

급성 신부전은 응급의 중증 질환이므로 입원 치료가 필요합니다. 적절한 수액요법은 물론 나타나는 증상들에 대한 대증 치료를 해야 합니다. 구토/설사와 같은 소화기 질환이 있으면 함께 치료하고, 전해질 불균형이 있는 경우 수액으로 교정합니다. 소변을 보지 못하는 급성 신부전 환자의 경우 수액을 통한 소변 생성 유무가 매우 중요합니다. 일반적인 처치에도 불구하고 신장과 관련된 혈액 수치가 좋아지지 않거나 소변이 생성되지 않으면 투석이 필요할 수도 있습니다. 증상을 빨리 발견하여 성공적으로 치료가 되면 신장 수치가 빠르게 정상화 되어 퇴원할 수 있지만, 손상이 남게 되면 만성 신부전으로 진행되어 꾸준히 관리를 해야 합니다.

Dr's Q&A

Q. 투석이 필요한 상황은 언제인가요? 어디에서 할 수 있나요?

A. 원인을 확실하게 알 수 없는 급성 신부전 고양이 중에 신장 수치가 급격하게 상승하거나, 생명을 위협할 정도로 심한 전해질 불균형이 있거나, 소변이 전혀 만들어지지 않는 경우에는 투석이 필요합니다. 또한 만성 신부전을 앓고 있던 고양이가 급성으로 진행되는 경우에도 투석이 도움됩니다. 투석은 고가의 장비와 전문 인력이 필요하기 때문에 일반 동물병원에서는 받기 어렵습니다. 대학 병원과 일부 대형 병원에서 장비를 마련하여 실시하고 있으니 투석이 필요한 경우 병원에 연락해 가능 여부를 확인해야 합니다.

25

감기에 걸린 듯하더니 배에 복수가 찼어요 : 전염성 복막염(FIP)

고양이 전염성 복막염(Feline infectious peritonitis : FIP)은 코로나 바이러스(Corona virus)에 의해 발생하는 바이러스성 질병입니다. 대부분의 코로나 바이러스는 심각한 질병을 유발하지 않지만, 감염된 후에 바이러스 변이가 일어나면 복막염으로 진행됩니다.

고양이 전염성 복막염의 원인

코로나 바이러스와 접촉한 적이 있는 한 살 미만의 어린 고양이에게 주로 발병합니다. 코로나 바이러스는 생각보다 흔해서 어디에서든 쉽게 감염될 수 있습니다. 코로나 바이러스를 가진 어미 고양이로부터 감염되거나, 고양이가 많이 모여 있는 곳에서 흔하게 발생합니다. 그중에서도 순종인 고양이, 수컷 고양이와 나이 든 고양이에게 더 많이 발병하는 경향이 있습니다.

 Dr's Q&A

Q. 전염성 복막염을 일으키는 코로나 바이러스와 사람의 COVID-19 바이러스는 같은 바이러스인가요? 혹시 사람에게도 전염이 되나요?

A. 고양이 전염성 복막염과 COVID-19를 일으키는 바이러스는 모두 코로나 바이러스지만 조금은 다릅니다. 고양이에게 전염성 복막염을 유발하는 바이러스는 알파(α) 코로나 바이러스이고, 사람에게 COVID-19를 유발하는 바이러스는 베타(β) 코로나 바이러스입니다. 따라서 고양이 코로나 바이러스는 사람에게 전혀 영향을 주지 않습니다.

 고양이 전염성 복막염의 증상

코로나 바이러스에 감염된 고양이는 뚜렷한 증상을 보이지 않기도 합니다. 처음에는 눈곱, 콧물, 재채기 등의 가벼운 호흡기 증상을 보이거나, 설사와 같은 소화기 증상을 보일 수 있으나 금방 괜찮아집니다. 실제로 복막염은 초기 증상이 있고 난 후 최소 몇 주에서 최대 몇 년 후에 나타납니다.

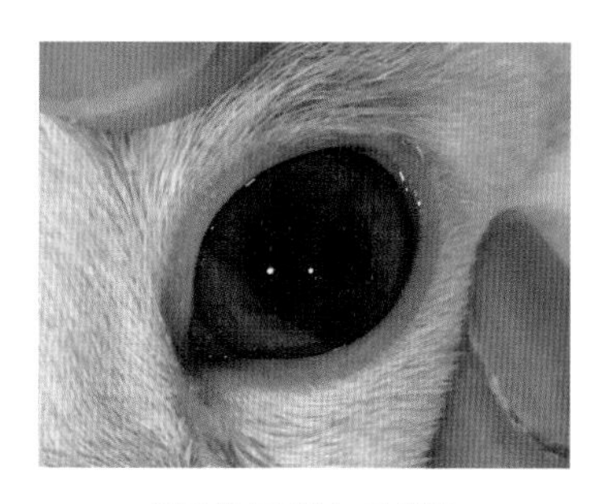

DRY TYPE의 눈의 이상

고양이 전염성 복막염에 걸리면 공통적으로 발열과 식욕 부진이 생깁니다. 이로 인해 기운이 없어 무기력해지고 체중이 줄어들기도 합니다. 어린 고양이의 경우 성장기임에도 불구하고 체중이 늘어나지 않기도 합니다. 이 외에는 크게 두 가지 형태로 증상을 구분할 수 있습니다. 첫 번째는 WET TYPE으로 배에 복수가 차서 배가 나온다거나, 폐에 흉수가 차서 호흡을 힘들어하는 형태입니다. 두 번째는 DRY TYPE으로 신경계의 영향을 받아 걸음걸이가 비틀거린다든지 눈과 간에 이상이 생기는 형태입니다.

 Dr's Q&A

Q. 고양이 전염성 복막염은 어떻게 진단하나요?

A. 고양이 전염성 복막염을 명확히 진단하는 검사는 아직 없습니다. 그러므로 전염성 복막염을 확진하기 위해서는 여러 가지 검사가 필요합니다. 코로나 바이러스 항체 검사가 그나마 정확히 진단할 가능성이 크지만, 모든 코로나 바이러스 감염이 복막염으로 진행되지 않기 때문에 확진 검사로는 부족합니다. 증상의 형태에 따라서 진단 방법이 조금 다른데, WET TYPE의 경우 복수나 흉수를 이용한 PCR 검사와 리발타테스트 등을 조합하여 진단할 수 있습니다. DRY TYPE의 복막염은 WET TYPE에 비해 진행도 느리고 복수나 흉수가 차지 않기 때문에 진단도 더 어려운 편입니다. 이럴 때는 혈액 검사를 통해 빈혈, 간 수치의 변화, A/G 비율 등을 확인해 진단하기도 합니다.

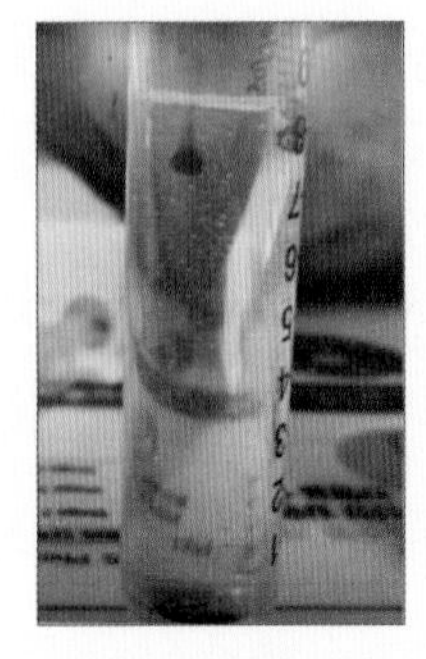

복수를 이용한 리발타테스트

 고양이 전염성 복막염의 치료 및 관리

얼마 전까지만 해도 고양이 전염성 복막염은 치료약이 없는 무서운 질병이었습니다. 하지만 최근에 'GS-441524'라고 불리는 물질이 고양이 전염성 복막염, 특히 WET TYPE의 증상에 긍정적인 효과가 있는 것으로 나타났습니다. 하지만 DRY TYPE의 증상에서는 WET TYPE만큼의 효과를 보이지 않았으며 GS-441524에 대한 장기적인 임상 연구가 이루어지지 않아 안전성에 대한 불확실성이 아직 해소되지 않은 상태입니다. 또한 정식으로 미국 식품의약국(Food and drug administration : FDA)의 승인을 받은 것이 아니기에 약품의 판매나 유통 역시 투명하지 않을 수 있습니다. GS-441524를 판매하는 곳은 많지만 약물의 농도와 순도가 제각각인 경우가 많아 주의가 필요합니다. GS-441524를 사용한 치료를 고려하고 있다면 담당 수의사와 상의하여 적절한 치료 계획을 세우도록 합니다.

앞서 언급했듯이 고양이 전염성 복막염은 쉽게 전염되므로, 해당 질병으로 고양이가 사망하고 나서 새로운 고양이를 데려오고 싶다면, 적어도 한 달은 지난 후에 데려와야 감염을 피할 수 있습니다.

Dr's Q&A

Q. 고양이 전염성 복막염도 백신으로 예방할 수 있나요?

A. 전염성 복막염 백신 효과에 대해서는 여러 가지 상반된 의견이 있습니다. 전염성 복막염 백신은 4개월 이상의 고양이에게 사용됩니다. 하지만 시기적으로 그 이전에 코로나 바이러스에 감염되는 경우가 많기 때문에 접종의 의미가 없을 수 있고, 백신을 맞더라도 전염성 복막염의 발병을 100% 막아주지는 못합니다. 따라서 고양이의 핵심 백신은 아닙니다.

26

상처가 쉽게 아물지 않아요 : 고양이 면역 결핍 바이러스 (FIV, 고양이 에이즈)

고양이 면역 결핍 바이러스(Feline immunodeficiency virus : FIV)는 고양이 에이즈라고도 불리는 바이러스 질환입니다. 면역 결핍 바이러스에 걸린 고양이는 바로 증상이 나타나지 않고, 몇 년이 지난 후에 증상을 보이는 특징이 있습니다. 면역 결핍 바이러스에 걸리면 일반적으로 면역력이 심각하게 떨어지고 자연스럽게 2차 감염에 취약해집니다. 2차 감염이 무서운 점은 보통은 해롭지 않은 세균, 바이러스, 곰팡이 등이 모두 심각한 질병을 일으킬 수 있다는 것입니다. 하지만 적절한 치료와 관리를 받으면 수개월에서 수년 동안은 편안한 삶을 보낼 수 있습니다.

고양이 면역 결핍 바이러스의 원인

면역 결핍 바이러스의 주요 감염 경로는 고양이 간의 다툼입니다. 주로 싸우는 과정에서 물린 상처를 통해 감염이 이루어지며, 음식이나 분비물 등의 접촉으로는 감염되지 않습니다. 밖에 나가서 다른 고양이와 다투지만 않는다면 감염될 가능성은 거의 없기 때문에 집안에서 키우는 것이 가장 안전한 방법이기도 합니다. 간혹 면역 결핍 바이러스에 감염된 어미 고양이가 낳은 어린 고양이도 감염되는 경우가 있지만 매우 드문 편입니다.

Dr's Q&A

Q. 고양이 면역 결핍 바이러스가 사람에게도 전염될 수 있나요?

A. 불가능합니다. 고양이 면역 결핍 바이러스는 고양이끼리에서만 감염이 이루어집니다.

고양이 면역 결핍 바이러스의 증상

고양이 면역 결핍 바이러스의 증상으로는 면역력 저하가 가장 두드러집니다. 상처가 나면 잘 낫지 않는다거나 목 부분의 임파선이 크게 부풀어 만져지기도 합니다. 작은 자극에도 피부가 쉽게 붉어지고, 털이 거칠어지며 잘 빠집니다. 발열, 빈혈, 설사, 식욕 부진, 체중 감소 등의 증상은 물론 눈(결막염), 잇몸(치은염), 구강(구내염) 등의 염증성 질환에 쉽게 노출됩니다. 그 밖에 재채기를 자주 하거나 눈곱이나 콧물이 많아지기도 하고, 화장실 밖에 소변 실수를 하거나 소변을 자주 보는 등 평소와는 다른 행동을 하기도 합니다.

면역 결핍 바이러스는 한번 증상을 보이기 시작하면 계속해서 악화될 가능성이 큽니다. 이런 증상들이 지난 몇 년간 지속적으로 있었거나 최근에 나타나기 시작했다면 검사를 해보는 것이 좋습니다.

 고양이 면역 결핍 바이러스의 치료 및 관리

현재까지 면역 결핍 바이러스에 대한 확실한 치료법은 없습니다. 하지만 적절한 관리를 한다면 몇 년 동안은 문제없이 살아갈 수 있습니다.

다른 고양이에게 면역 결핍 바이러스를 전염시키지 않고, 다른 2차적 질병에 감염되지 않도록 철저히 실내에서만 지냅니다. 조리되지 않은 음식이나 저온 살균된 음식은 세균이나 기생충 감염의 위험이 있으므로 먹이지 않고, 체중 감소는 질병이 악화되는 첫 신호인 경우가 많으니 자주 체중을 재어 몸무게 변화를 기록합니다. 만약 건강이나 행동에 변화가 있다면 되도록 빨리 병원에 내원해 진료를 받아야 합니다. 일부 항바이러스 약물은 발작이 있거나 구내염이 있는 고양이에게는 도움이 되지만 결과적으로 수명을 늘려주지는 않으니 과도한 약물 사용은 지양해야 하며, 6개월에 한 번씩 전체적인 검사를 통해 고양이의 건강 상태를 확인하도록 합니다.

Dr's advice

우리집 고양이가 면역 결핍 바이러스에 걸렸다면?

여러 마리의 고양이를 키우고 있는 상태에서 면역 결핍 바이러스에 감염된 고양이가 있다면 원칙적으로는 모든 고양이를 검사하여 감염 고양이와 그렇지 않은 고양이를 분리해야 합니다. 또한 감염 고양이는 2차 감염에 취약하므로 환경 소독을 철저히 해야 합니다. 만약 새로운 고양이를 입양할 계획이 있다면 입양 전에 검사를 통해 감염 여부를 확인한 후 데려와야 집에 있는 고양이들이 안전합니다.

27

핏기가 사라져 창백해졌어요 : 고양이 백혈병 바이러스(FeLV)

고양이 백혈병 바이러스(Feline leukemia virus : FeLV)는 우리나라에서 보기 힘든 질병이었으나 최근 들어 발병 수가 많아지고 있습니다. 면역력이 낮은 어린 고양이나 아픈 고양이가 백혈병 바이러스에 노출되면 훨씬 쉽게 감염될 수 있으며, 가장 흔하게 보이는 증상은 빈혈과 종양입니다.

고양이 백혈병 바이러스의 원인

고양이 백혈병 바이러스는 감염된 고양이의 혈액이나 타액으로부터 전염됩니다. 어미 고양이가 백혈병 바이러스에 감염된 상태에서 어린 고양이에게 모유 수유를 하거나 감염 고양이와의 싸움에서 물려서 생긴 상처를 통해 감염됩니다. 혈액보다 빈번한 감염원은 타액인데 감염 고양이의 침, 콧물, 소변, 대변 등으로도 쉽게 감염되니 서로 핥아주는 행동이나 같은 화장실 사용, 밥그릇의 공유 등은 주의해야 합니다.

고양이 백혈병 바이러스의 증상

고양이 백혈병 바이러스는 고양이 암 발병의 가장 흔한 원인으로 다양한 혈액 질환은 물론 면역력을 떨어뜨려 2차 감염을 일으킵니다. 면역 결핍 바이러스와 마찬가지로 초기에는 별다른 증상을 보이지 않지만, 시간이 지남에 따라 다양한 증상들이 나타납니다.

- 식욕 부진
- 몸무게 감소
- 털이 거칠어짐
- 임파선이 부어오름
- 열이 떨어지지 않음
- 잇몸이 창백해짐
- 전체적으로 핏기가 사라짐
- 잇몸과 구강에 염증이 생김
- 피부, 방광 및 상부 호흡기의 감염
- 계속되는 설사
- 발작
- 행동의 변화 및 기타 신경계 장애
- 여러 가지 눈의 이상

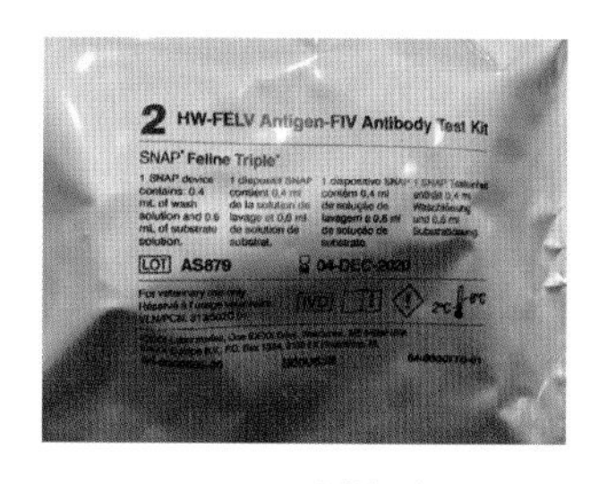

FeLV, FIV 검사 키트

이런 증상들이 지속되거나 반복적으로 발생한다면 검사를 통해 고양이 백혈병 바이러스 감염에 대해 확인해 보아야 합니다. 백혈병 바이러스 검사는 보통 면역 결핍 바이러스 검사와 함께 이루어지며 키트 검사를 통해 확인할 수 있습니다.

고양이 백혈병 바이러스의 치료 및 관리

유감스럽게도 아직까지는 백혈병 바이러스에 대한 효과적인 치료제가 없는 상황입니다. 따라서 감염이 있거나 빈혈 증상을 보인다면 해당 증상에 대한 치료만을 하게 됩니다. 최종적으로 백혈병 바이러스를 진단받은 고양이의 평균 수명은 2.5년입니다. 남아있는 시간 동안 체중, 식습관, 화장실 습관, 활동성의 변화 등을 자세히 체크하면서 관리하는 방법밖에는 없으며 적어도 일 년에 두 번은 검사를 통해 건강 상태를 확인해야 합니다.

고양이 백혈병 바이러스를 진단받았을 경우 새로운 고양이를 입양하는 것은 감염의 위험은 물론 스트레스를 유발할 수 있으므로 되도록 피하는 것이 좋습니다. 스트레스는 면역력을 떨어뜨려 병을 악화시킬 수 있으니 스트레스를 받지 않도록 안정적인 환경을 만들어주도록 합니다.

Dr's Q&A

Q. 백신으로 예방할 수는 없을까요?

A. 고양이 백혈병 바이러스 백신은 일부 고양이에게만 효과가 나타날 뿐 감염을 100% 막아주지는 못합니다. 또한 고양이 백혈병 바이러스 백신은 필수 접종이 아니기 때문에 바이러스에 노출될 가능성이 있는 경우에만 수의사와의 상의 후에 접종하게 됩니다. 접종 전에는 미리 검사를 하여 음성인 고양이에게만 접종합니다.

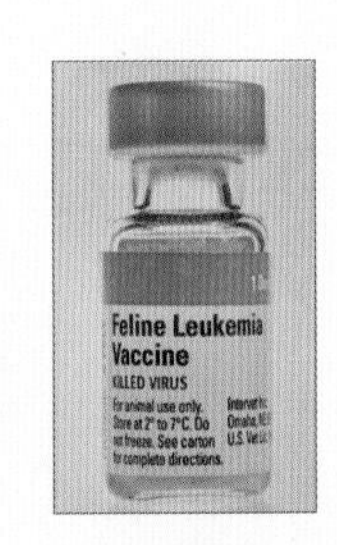

FeLV 백신

28

피가 섞인 구토를 하고 계속 설사를 해요 : 범백혈구 감소증(FPV, 고양이 파보)

고양이 범백혈구 감소증(Feline panleukopenia virus : FPV)은 고양이 파보 바이러스(Feline parvo virus)에 의해 발생하는 전염성 질환입니다. 감염되면 백혈구의 숫자가 급격히 줄어들기 때문에 범백혈구 감소증이라고도 부릅니다. 전염성이 강하고 치사율도 높은 질병으로 어린 고양이에게 특히 치명적인 바이러스 질환입니다.

고양이 범백혈구 감소증의 원인

고양이 파보 바이러스는 주변에 흔하게 존재합니다. 감염 경로는 감염된 고양이의 소변이나 대변, 콧물 등이지만, 파보 바이러스는 일반적인 환경에서 길게는 1년간 생존할 수 있으므로 감염된 고양이와의 접촉이 없더라도 감염될 수 있습니다. 예방 접종을 하지 않았거나, 면역력이 낮은 어린 고양이와 아픈 고양이는 더 쉽게 감염됩니다.

고양이 범백혈구 감소증의 증상

고양이 범백혈구 감소증 바이러스는 감염되고 나서 7일 전후의 잠복기를 가진 후에 갑작스럽게 증상이 나타납니다. 구토를 심하게 하고 간혹 구토에 혈액이 섞이기도 하며, 묽은 설사와 함께 탈수 증상을 보이기도 합니다. 식욕 부진과 발열은 물론 심각한 백혈구 감소증으로 각종 질병에 쉽게 걸리고 잘 낫지 않습니다.

범백혈구 감소증에 걸린 어린 고양이는 구토와 설사 증상을 보이기 전에 급사하는 경우도 있습니다. 또는 전날 저녁까지도 잘 먹다가 다음 날 아침에 갑자기 심한 증상을 보일 수도 있습니다. 의심되는 상황이 있었거나 입양한 지 얼마 되지 않은 어린 고양이라면 즉시 검사를 받도록 합니다. 다행히 범백혈구 감소증은 간단한 키트 검사로도 감염 여부를 알아볼 수 있습니다.

고양이 범백혈구 감소증의 치료 및 관리

생후 두 달 이하의 고양이가 범백혈구 감소증에 감염되면 대부분 회복하기 어렵습니다. 하지만 성인 고양이의 경우 일찍 치료를 시작하면 생존 가능성을 높일 수 있으니 반드시 입원 치료를 해야 합니다. 아직 바이러스를 직접 죽일 수 있는 약이 없으므로 고양이 스스로 바이러스와 싸우는 동안 지지치료(환자의 체력 유지를 위한 의료 행위와 정신 불안을 해소하기 위한 지도 및 격려를 하는 치료)를 해야 합니다. 수액을 통한 탈수 방지와 전해질 균형 교정, 2차 감염 방지, 영양 공급 등의 치료를 통해 경과를 살펴보고 특별한 응급 상황 없이 일주일간 생존하면 회복 가능성이 상당히 커집니다. 증상이 심하다면 바이러스의 감염과 증식을 저지하는 인터페론(Interferon)을 사용한 치료가 도움이 될 수 있습니다. 감염에서 회복했다 하더라도 한동안은 바이러스를 퍼뜨릴 수 있기 때문에 반드시 다른 고양이들과 분리하고 소독약을 사용해서 주변을 자주 소독해야 합니다. 그다음 대변 검사를 통해 바이러스 유출이 없는 것을 확인한 후에 다른 동물들과 합사를 시키는 것이 안전합니다.

고양이 범백혈구 감소증은 백신을 통해 충분히 예방할 수 있는 질병입니다. 새로운 고양이를 입양할 계획이 있다면 기존에 키우던 고양이와 새로 데려올 고양이 모두 백신 접종을 하는 것이 범백혈구 감소증을 예방할 수 있는 방법입니다.

Dr's advice

고양이 파보 바이러스 소독하기

고양이 파보 바이러스는 알코올과 같은 일반적인 소독약에 저항성이 강합니다. 이전에는 주로 락스를 사용해 소독했지만, 락스는 정확한 비율로 희석하기 어렵고 독성이 강하기 때문에 반려동물이 있는 집에서 사용하기에 적당하지 않습니다. 최근에는 차아염소산수를 많이 사용하는데, 차아염소산수는 안전역이 넓어 반려동물이 있는 집에서 사용하기 좋습니다. 소독할 때는 소독약을 뿌려 분비물을 닦아낸 후 한 번 더 뿌려 닦아내야 충분한 소독 효과를 기대할 수 있습니다.

29

눈이 빨갛게 충혈되고 재채기를 많이 해요 : 호흡기 바이러스(Herpes, Calici)

고양이의 호흡기 질환을 유발하는 대표적인 바이러스에는 허피스 바이러스와 칼리시 바이러스가 있습니다. 각각의 바이러스에 관해 설명하겠습니다.

허피스 바이러스(Herpes virus)

가장 흔한 호흡기 바이러스입니다. 어린 고양이에게 특히 잘 감염되며 통계로 보면 전체 고양이의 97%는 평생 한 번은 이 바이러스를 만나게 된다고 합니다. 이 중 80%는 평생 바이러스를 지니고 살고, 그중 45%는 주기적으로 감염 증상을 보이기도 합니다. 허피스 바이러스에 노출되어 보균 중인 고양이는 스트레스를 받으면 증상이 재발할 수 있습니다.

허피스 바이러스 감염의 증상

허피스 바이러스에 감염된 고양이는 발열 증상과 함께 상부 호흡기 질환과 각막의 염증이 동시에 발생하기도 합니다. 상부 호흡기 증상으로는 재채기와 콧물, 식욕 부진이 있고, 코 분비물로 인해 코가 막혀서 거친 숨소리가 납니다. 결막염 증상으로는 눈이 빨갛게 부어 있고 연두색의 눈곱이 끼며 고양이가 눈을 가늘게 뜨고 있습니다.

허피스 바이러스의 치료 및 관리

허피스 바이러스의 치료

어린 고양이가 감염되었다면 호흡기 질환뿐만 아니라 심한 각막염도 함께 생길 수 있습니다. 눈의 염증이 심해지면 분비물과 염증으로 인해 눈을 뜨지 못하기도 하는데 그냥 두었다가는 자칫 실명이 될 수도 있습니다. 미지근한 물을 묻힌 손수건으로 분비물과 염증을 살살 닦아서 반드시 눈을 뜨게 해주고 지속적인 세척과 안약으로 치료를 해야 합니다. 2차 감염을 막기 위해서는 항생제가 사용됩니다. 항바이러스제는 허피스 바이러스 치료에 도움을 줄 수 있지만, 가격이 비싸다는 단점이 있습니다. 허피스 바이러스에 의해 유발되는 각막염은 길게는 6~8주 정도의 꾸준한 치료가 필요합니다. 이때 L-라이신이 포함된 영양제를 추천하기도 하지만 효과에 대해서는 논란의 여지가 있으므로 신중히 사용해야 합니다.

허피스 바이러스의 관리

허피스 바이러스 감염증은 완전한 치료가 어렵고 쉽게 재발하는 특성이 있습니다. 평화롭고 안정적인 상황에서는 재발하더라도 가벼운 증상으로 나타났다가 스스로의 면역으로 좋아지기도 합니다. 하지만 스테로이드의 사용이나 새로운 동물의 입양, 이사나 수술 등의 이벤트는 큰 스트레스로 작용해 호흡기 질환과 각막염이 재발할 수 있습니다. 스트레스를 받을 만한 상황이 예상되는 경우 접종을 통해 면역력을 활성화하면 증상의 재발을 막는 데 도움이 됩니다.

칼리시 바이러스(Feline calici virus : FCV)

칼리시 바이러스 역시 허피스 바이러스처럼 널리 퍼져 있는 바이러스 중 하나입니다. 집에서만 생활하는 고양이는 전체의 10% 정도만 감염되지만, 많은 수의 고양이가 함께 생활하는 경우에는 최대 90%의 고양이가 감염될 수 있습니다.

칼리시 바이러스 감염의 증상

대부분 재채기와 콧물 등의 호흡기 증상을 보이지만 감염이 진행되면서 2차 세균 감염이 이루어지면 폐렴을 유발할 수 있습니다. 드물지만 입안에 궤양이 생기거나 치명적인 전신 증상(팔, 다리의 부종 및 단단한 궤양의 형성과 탈모)도 보일 수 있습니다. 칼리시 바이러스에 감염된 초기와 백신 접종 후에는 일시적으로 다리를 저는 증상(림핑 신드롬)이 나타나기도 합니다.

Dr's advice

림핑 신드롬(Limping syndrome)

칼리시 바이러스 감염의 초기 또는 백신 접종 후에 다리를 절룩거리는 증상으로 주로 어린 고양이에게 나타납니다. 칼리시 바이러스에 의해 유발되는 관절염이 원인이며 보통 2~7일 정도 증상이 나타났다 사라집니다. 별다른 처치를 하지 않아도 시간이 지나면 좋아지는 경우가 많지만, 통증이 심한 경우 비스테로이드성 진통 소염제가 도움이 될 수 있습니다.

칼리시 바이러스 감염의 치료 및 관리

칼리시 바이러스의 치료

칼리시 바이러스에 의한 염증

호흡기 증상의 치료는 허피스 바이러스 감염증의 치료와 동일합니다. 칼리시 바이러스에 의해 구내염이 발생하면 통증 때문에 먹는 것을 힘들어할 수 있으니 이럴 때는 비스테로이드성 진통 소염제를 사용해 통증을 줄여주면 좋습니다. 2차 감염을 막기 위해 항생제를 사용하기도 하지만, 항바이러스제를 사용할 경우 효과는 적고 부작용은 크기 때문에 제한적으로 사용합니다. 칼리시 바이러스에 감염되었다고 해도 합병증이 없고 전신 증상을 보이지 않으면 순조롭게 회복할 수 있습니다. 다만 고양이가 전신 증상을 보인다면 예후가 좋지 않을 수 있습니다.

▌칼리시 바이러스의 관리

일반적인 고양이 혼합 백신에 칼리시 바이러스 역시 포함되어 있으므로 백신은 반드시 맞아야 합니다. 백신이 바이러스를 100% 막을 수 있는 것은 아니지만 심한 증상으로 진행되는 것을 막고, 이미 감염되어 있는 경우에도 치료에 도움을 줄 수 있습니다.

30

음식을 씹는 걸 불편해해요 : 치아 흡수성 병변(FORL)

5살 이상의 고양이에게 상당히 흔하게 보이는 치과 질환입니다. 많게는 전체 고양이의 3/4 정도가 치아 흡수성 병변(Feline odontoclastic resorptive lesions : FORL)이 있는 것으로 보고 있습니다. 치아 흡수성 병변은 이름처럼 치아가 서서히 부식되어 사라지는 질병인데 이 과정에서 상당한 통증을 느낄 수 있습니다.

 치아 흡수성 병변의 원인

원인은 뚜렷하게 알려지지 않았습니다. 단지 치아 리모델링을 담당하는 세포가 제 역할을 하지 못하면서 서서히 치아가 흡수되기 시작한다는 것만 알려져 있습니다. 일반적인 충치는 치아의 위쪽부터 염증이 생긴다면 치아 흡수성 병변은 아래쪽에서부터 발생합니다. 흡수가 진행되고 신경이 노출되면 통증을 느끼기 시작합니다.

치아 흡수성 병변의 증상

치아 흡수성 병변은 치아의 아랫부분부터 진행되기 때문에 드러나 있는 치아만으로는 문제를 초기에 알기 어렵습니다. 병변이 어느 정도 진행되어 통증을 느끼는 순간부터는 갑자기 식욕이 줄어들게 되며, 만약 식욕이 정상이라면 음식을 먹을 때 머리를 기울여 한쪽 치아만 사용해서 씹는 행동을 보일 수 있습니다. 치아가 좋지 않기 때문에 단단한 간식은 씹지 않고 삼키거나 의도치 않게 떨어뜨릴 수 있으며, 침 흘림이나 출혈 등이 생기기도 합니다.

치아 흡수성 병변의 치료 및 관리

치아 흡수성 병변은 치아 방사선 촬영을 통해 진단할 수 있는데 크게 1형과 2형으로 나뉩니다.

- **1형** : 뿌리가 남아 신경이 살아 있는 경우
- **2형** : 뿌리가 다 흡수되고 치아의 윗부분만 남은 경우

1형은 뿌리까지 발치해야 하지만 2형은 치아 윗부분의 크라운만 제거해도 됩니다. 임상 증상이 없는 상태에서 발견된 경우에는 주기적으로 치아 방사선을 촬영하여 변화를 관찰하는 것이 좋습니다. 물론 치아 흡수성 병변은 다른 치아에도 영향을 줄 수 있으므로 즉시 발치를 하는 것도 하나의 선택일 수 있습니다.

치료 이후에도 주기적으로 치아 방사선 촬영을 통해 치아 상태를 확인해야 하며, 다른 치아에서 치아 흡수성 병변이 발생하지 않도록 지연제를 복용하기도 합니다.

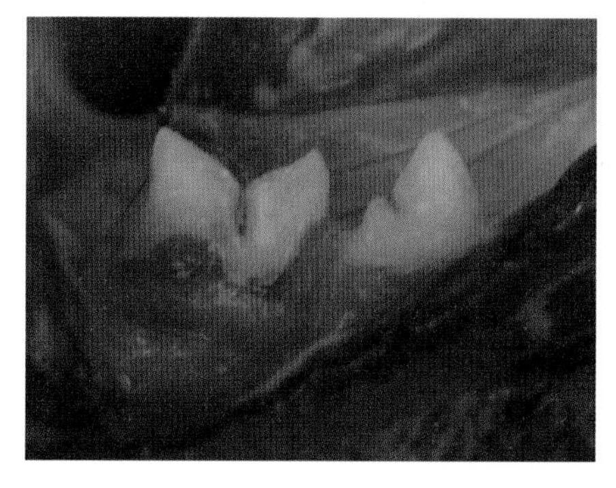
치아 흡수성 병변이 있는 치아

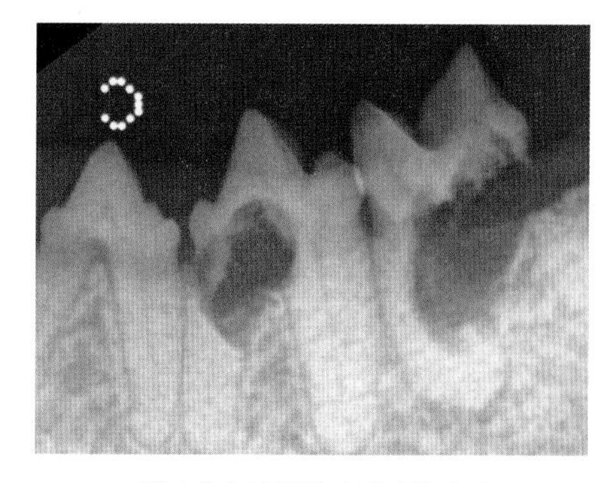
치아 흡수성 병변의 방사선 사진

31

입냄새가 너무 심해요 : 만성 구내염(LPGS)

만성 구내염(Lymphocytic-plasmacytic gingivitis stomatitis : LPGS)은 비정상적인 면역 반응에 의해 치은염과 구내염이 동시에 발생하는 것을 말합니다. 복합적인 원인으로 발생하며 치료가 매우 까다로운 질병입니다.

 만성 구내염의 원인

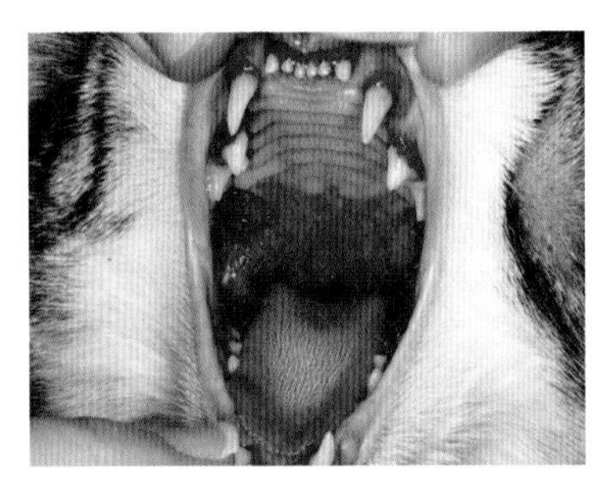

만성 구내염을 일으키는 원인은 명확하게 밝혀져 있지 않으며 하나의 원인이 아니라 다양한 요소들이 복합적으로 작용하여 발생하는 것으로 보입니다. 그중 가장 잘 알려진 원인을 찾아보자면 고양이의 잇몸이 플라크에 과민하게 반응하여 발병하는 경우입니다. 이 경우 면역 반응이 정상적인 범위를 벗어나 과도하게 나타나면서 심한 구내염이 발생합니다. 또한 고양이 백혈병 바이러스와 고양이 면역 결핍 바이러스의 감염은 면역력을 저하시켜 만성 구내염을 일으키며, 칼리시 바이러스 역시 구내염을 일으킵니다.

 만성 구내염의 증상

만성 구내염에 걸리면 초기에는 가장 먼저 입안에 치석과 박테리아가 쌓여 입 냄새가 심하게 납니다. 증상이 점점 악화될수록 구강에 통증을 느끼기 시작하며 얼굴을 만지는 것에 지나치게 예민하게 반응하고 침을 흘리기도 합니다. 사료를 씹었을 때의 통증으로 인해 밥그릇을 기피하고, 딱딱한 사료보다는 부드러운 캔 음식만 섭취하려 하기도 합니다.

 만성 구내염의 치료 및 관리

만성 구내염의 정확한 진단은 조직 검사를 통해 이루어집니다. 잇몸 조직을 채취하고 치아 방사선을 촬영하여 치아 흡수성 병변과 구분해야 합니다. 잇몸의 염증이 모두 만성 구내염은 아니며, 병변에 따라 치료의 방법이나 예후가 크게 차이나니 반드시 조직 검사를 통해 정확한 진단을 내리는 것이 중요합니다.

스케일링과 치주염의 치료가 도움이 될 수는 있지만, 효과가 그리 오래가지는 않으며 발치를 해야 좋아지는 경우가 많습니다. 병변이 생긴 치아를 먼저 발치하고 나머지 치아를 꾸준히 관찰합니다. 발치를 한 후에도 증상이 나아지지 않는다면 송곳니를 제외한 나머지 치아를 모두 발치하기도 합니다. 이때 보호자들은 치아가 사라지면 밥을 잘 먹지 못할까 봐 걱정하지만, 통증이 줄어들었기 때문에 이전에 비해 식욕이 늘고 빠졌던 체중도 회복하게 됩니다. 발치 후에도 구내염 증상이 완전히 사라지지 않을 수 있으나 발치 전과 비교하면 통증이나 염증의 정도가 상당히 줄어듭니다.

염증을 가라앉히기 위해서는 스테로이드를 사용하기도 합니다. 스테로이드를 사용하면 구내염의 증상이 가라앉지만 약을 중단하면 다시 돌아가기 때문에 근본적인 치료 방법은 아닙니다. 또한 장기적인 스테로이드 복용은 여러 부작용을 일으키기 때문에 추천하지 않습니다. 하지만 발치를 할 수 없는 경우에는 최소 용량으로 관리를 시도해 볼 수 있습니다.

최근에는 구강 유산균이 구내염 증상 완화에 효과가 있다는 연구 결과가 있습니다. 또한 만성 구내염 치료에 줄기세포를 이용하는 연구도 활발히 진행되고 있으니 앞으로 더 좋은 치료법이 나오리라 기대합니다.

32

고양이의 구강 관리, 어떻게 해줘야 하죠?

가장 좋은 구강 관리 방법은 양치질입니다. 고양이가 어렸을 때부터 양치질하는 버릇을 들여 치아를 닦아줄 수 있다면 잇몸의 염증을 방지하고 입냄새도 줄일 수 있습니다.

구강 관리가 중요한 이유

야생의 고양이는 다양한 음식을 씹으면서 자연스럽게 치아를 관리할 수 있습니다. 하지만 집에서 생활하는 고양이의 경우 주어진 사료와 캔 형태의 음식만 먹기 때문에 플라크와 치석이 더욱 잘 형성됩니다. 평균적으로 3세 이상의 고양이 10마리 중 8마리에서 치아와 잇몸에 문제가 나타났습니다. 음식을 섭취하고 나면 세균 덩어리가 치아에 쌓여 플라크가 빠른 속도로 형성되는데 이 플라크를 제때 닦아주지 않으면 치석으로 변하게 됩니다. 치석은 잇몸을 자극하여 염증을 일으키고 치아 뿌리를 드러나게 하기도 합니다. 염증으로 패인 잇몸은 다시 돌아오지 않으며 통증이 심한 치아는 발치를 해야 할 수도 있습니다. 잇몸과 구강에 염증이 생기면 통증으로 인해 음식을 잘 먹지 못하게 됩니다. 이는 영양 불균형으로 나타날 수 있으며 심한 경우 염증이 잇몸에서 그치지 않고 혈류를 타고 장기로 들어가 간이나 신장, 심장을 손상시킬 수도 있습니다.

고양이는 아프더라도 잘 표현하지 않고 숨기는 경향이 있습니다. 통증을 숨길 수가 없는 상태라면 이미 상당히 진행된 다음이니 뒤늦은 치료보다는 예방에 중점을 둘 필요가 있습니다.

 고양이의 치아 건강을 확인하는 방법

타인에게 입안을 보여주는 것을 좋아하는 고양이는 없겠지만, 의사보다는 보호자에게 더 관대하니 보호자가 주기적으로 확인하는 것이 좋습니다. 입안을 보려 할 때 고양이가 지나치게 싫어하거나 입에 손을 대기만 해도 기겁을 한다면 문제가 있을 가능성이 크니 병원에서 검진을 받도록 합니다.

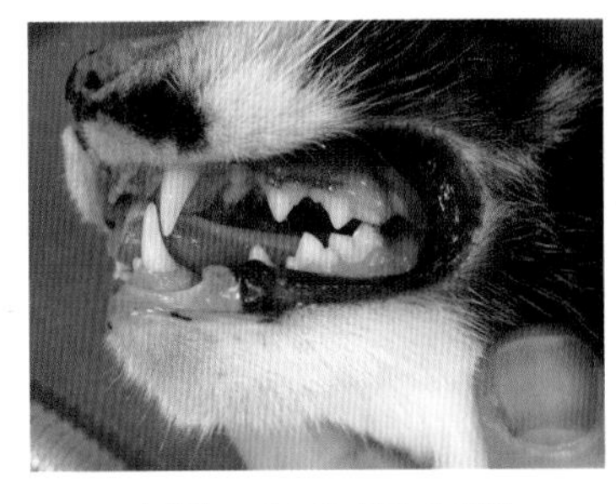
건강한 고양이의 치아와 잇몸

건강한 고양이의 치아는 깨끗하고 하얗게 보입니다. 잇몸은 분홍색이어야 하며 치아와 인접한 부분이 붉거나 부어 보여선 안 됩니다. 가능하다면 목구멍 안쪽도 확인하여 붉거나 부어 있는 곳이 없는지도 살펴봅니다.

입냄새를 맡았을 때 일상적인 냄새를 벗어나 생선 비린내와 같은 심한 악취가 난다면 염증이 있을 수 있습니다. 밥을 앞에 두고 먹기를 주저하거나 밥그릇 주변에 사료 조각이 흩어져 있다면, 또한 밥을 먹을 때 찡그리거나 침 흘림을 보인다면 구강에 통증이 있다는 것이니 검진을 받도록 합니다.

치아와 구강 건강을 유지하기 위해 해야 할 일

매일 치아를 닦아줍니다. 매일 하기 어렵다면 적어도 일주일에 두 번은 닦아 주는 것이 좋습니다. 치약은 플라크와 치석을 줄일 수 있는 고양이 전용 제품을 사용하고, 거부감이 적은 도구를 사용해 양치질에 익숙하게 만듭니다. 일 년에 한 번은 구강 검진과 스케일링을 받는 것이 좋습니다.

Dr's advice

다양한 구강 관련 용품들

• 치석 제거용 사료

• 고양이 전용 치약과 칫솔

• 플라크와 치석 제거용 제품

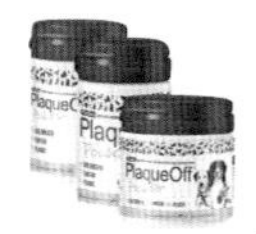

33

고양이의 치아 관리,
어떻게 해줘야 하죠? : 스케일링

치아 관리의 중요성은 아무리 강조해도 지나치지 않습니다. 경험적으로도 치아가 건강한 고양이들이 더 오래 더 건강하게 사는 경우가 많습니다. 치아를 건강하게 유지하고 치주 질환을 예방하는데 가장 좋은 것은 주기적으로 고양이의 치아를 닦아주는 것입니다. 물론 아무리 치아를 잘 닦아주더라도 플라크가 생길 수 있습니다. 플라크는 음식을 먹음과 동시에 생성되는데 음식을 먹을 때마다 바로 양치질하기 어렵기 때문입니다. 플라크는 세균이 뭉친 덩어리로 치주염의 원인이 되는데, 이런 플라크를 제거해 주는 것이 스케일링입니다. 스케일링은 치주 질환의 예방 및 치료에 반드시 필요한 과정입니다.

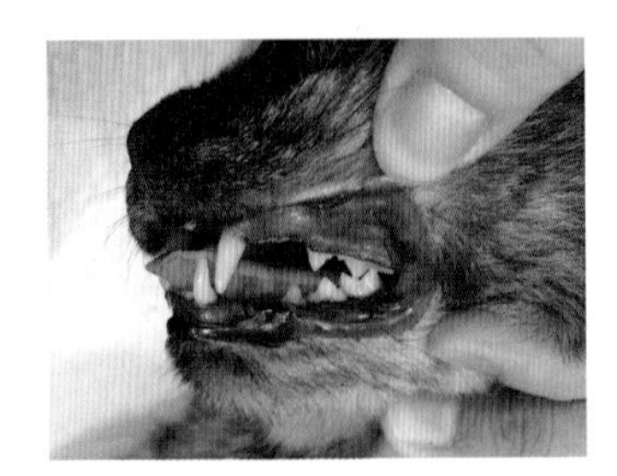

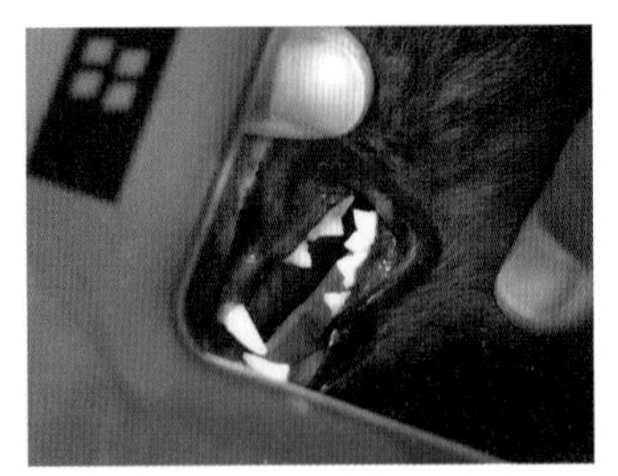

붉게 보이는 플라크

치과 검진 및 스케일링이 필요할 때

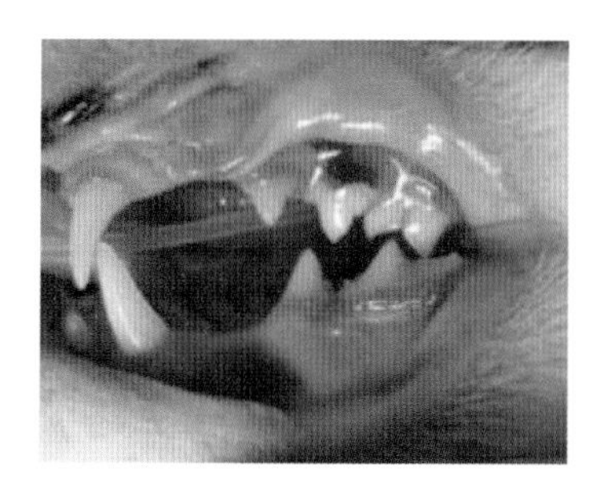

- 입냄새가 날 때
- 잇몸이 빨갛게 보이고, 피가 날 때
- 과하게 침을 흘릴 때
- 식욕은 있지만, 음식을 먹기 힘들어할 때
- 얼굴이 부어 보일 때
- 갑자기 치아가 빠졌을 때

스케일링 과정

① 구강 검진을 통해 스케일링이 필요한 상태인지 확인합니다.

② 스케일링을 받을 날짜와 시간을 정합니다. 스케일링은 마취가 필수이므로 최소 12시간의 금식이 필요합니다.

③ 마취 전 검사를 통해 건강 상태를 확인합니다.

④ 마취 후 스케일링을 실시합니다. 필요한 경우 치아 방사선을 촬영하기도 합니다.

⑤ 스케일링 후 연마를 통해 치아 표면을 매끈하게 만듭니다.

⑥ 치아 표면에 홈이 파였다면 실란트로 메웁니다.

⑦ 불소를 도포해 치아 표면을 코팅하여 치주염 재발을 줄입니다.

⑧ 치주염 치료 겔을 바르거나 치주염 치료약을 복용합니다.

스케일링 이후의 관리

스케일링 후에도 지속적인 관리는 필수입니다. 매일 칫솔질을 해주는 것이 가장 좋지만, 현실적으로 쉽지 않은 것이 사실입니다. 칫솔질이 어렵다면 바르는 겔 형태의 치약을 쓰거나 고양이용 껌과 치석 제거용 사료를 사용하는 것도 좋습니다. 이런 제품을 사용하면 칫솔질만큼은 아니더라도 어느 정도의 효과를 볼 수 있습니다. 주기적인 구강 검진과 일 년에 한 번 건강 검진을 겸한 스케일링은 건강한 치아를 유지하는데 가장 좋은 방법입니다.

Dr's advice

사람용과 동물용 치약을 구분합니다.
양치할 때는 반드시 동물용 치약을 사용합니다. 사람용 치약의 경우 먹으면 안 되는 성분이 있으므로 동물이 삼키면 심각한 위장 장애를 일으킬 수 있습니다. 동물용 치약은 맛도 있고 먹어도 큰 이상이 없도록 만들어졌기 때문에 반드시 동물용 치약을 사용해야 합니다.

34

고양이 품종별 특성과 유전 질환에는 어떤 것들이 있나요?

 코리안 쇼트헤어(한국 고양이, Korean shorthair)

- **품종별 특성** : 코리안 쇼트헤어는 덩치가 크고 활발한 성격을 가지고 있습니다. 특별한 유전 질환 없이 대체로 건강해서 고양이와 처음 만나는 사람이 키우기에도 아주 좋습니다. 다만 활동량이 적어지면 비만의 위험도가 높아지니 충분히 놀아주어야 합니다.
- **유전 질환** : 비만으로 인한 당뇨, 관절염, 변비 등

페르시안 고양이(Persian cat)

- **품종별 특성** : 기품 있고 우아하지만 게으른 편입니다. 활동량이 많지 않아 실내에서 살기에 가장 적합한 품종입니다. 부드럽고 긴 털은 페르시안 고양이의 매력 포인트지만, 스스로 그루밍을 잘 하지 않으므로 매일 빗겨주어야 합니다. 건강 관리에도 신경을 많이 써야 하는 고양이입니다.
- **유전 질환** : 심장 질환, 다낭성 신질환, 단두종 증후군, 과도한 눈물 흘림, 안면부 피부염, 난청 등

스코티시 폴드(Scottish fold)

- **품종별 특성** : 스코틀랜드에서 귀가 접힌 채로 태어난 돌연변이 고양이가 브리티시 숏헤어와 교배해서 탄생한 품종입니다. 운동량이 적고 조용한 성격으로 실내 생활에 적합하며 표정이 아주 사랑스럽다는 것이 특징입니다. 유전병 발생의 위험이 있으므로 귀가 접힌 고양이끼리는 교배하지 않습니다.
- **유전 질환** : 골연골 이형성증, 외이염 등

랙돌(Ragdoll)

- **품종별 특성** : 버만, 페르시안, 버미즈 등을 교배시켜 인위적으로 만들어낸 품종입니다. '봉제 인형'을 뜻하는 이름처럼 순하고 얌전한 성격으로 사회성이 좋아 다른 고양이들과도 문제없이 잘 지냅니다. 덩치가 조금 큰 편으로 자칫하면 비만해지기 쉽습니다.
- **유전 질환** : 심장 질환, 골연골 이형성증, 다낭성 신질환 등

아메리칸 쇼트헤어(American shorthair)

- **품종별 특성** : 머리가 큰 근육질 스타일입니다. 대체로 건강한 편이며 많은 운동량을 필요로 합니다. 창문 밖을 구경하는 것을 좋아하고 놀이가 부족하면 스트레스를 받는 성격입니다.
- **유전 질환** : 비대성 심근증(HCM) 등

샴(샤미즈, Siamese cat)

- **품종별 특성** : 털의 포인트 색이 매력적인 고양이입니다. 사람을 좋아하고 호기심이 많으며 수다스럽습니다. 활동량도 많은 편이어서 여기저기 다니면서 울어대면 정신이 없기도 합니다. 조용한 성격의 고양이를 원하는 보호자에겐 추천하지 않습니다.
- **유전 질환** : 녹내장, 아밀로이드증, 근육 퇴행, 당뇨병 등

아비시니안(Abyssinian)

- **품종별 특성** : 매우 활동적이고 장난도 심하지만 성장할수록 차분해집니다. 보호자를 매우 잘 따르고 머리가 좋아서 교육과 훈련이 잘 되는 고양이입니다. 강아지 같은 고양이라고도 불립니다.
- **유전 질환** : 망막 위축증, 스트레스성 피부염 등

러시안 블루(Russian blue)

- **품종별 특성** : 가족과 함께 있을 때는 조용하고 온화하지만 낯선 사람에 대해서는 경계심이 많습니다. 예민한 성격 탓에 변화를 좋아하지 않으며, 고양이 알레르기의 주요 원인인 비듬이 적기 때문에 다른 고양이에 비해 알레르기를 덜 유발하는 것으로 알려져 있습니다.
- **유전 질환** : 보고된 유전병이 없습니다.

터키시 앙고라(Turkish angora)

- **품종별 특성** : 활발하고 보호자를 잘 따르는 고양이입니다. 장모지만 모량이 많은 것은 아니기 때문에 털 뭉침이 적어 관리가 쉬운 편입니다. 푸른 눈의 오드아이가 많으며 선천적으로 난청일 확률이 다른 품종에 비해 높습니다.
- **유전 질환** : 심장 질환, 난청, 피부병, 요로 결석 등

노르웨이 숲(Norwegian forest cat)

- **품종별 특성** : 덩치가 굉장히 큰 고양이입니다. 털이 풍성하여 가뜩이나 큰 덩치가 훨씬 더 커 보이지만, 그만큼 추위에 강하다는 장점이 있습니다. 털이 길고 많이 빠지니 털 관리에 신경을 써야 하는 품종입니다. 낯을 가리는 성격이지만 공격적이지는 않습니다.
- **유전 질환** : 피부염, 헤어볼에 의한 문제 등

뱅갈(Bengal)

- **품종별 특성** : 치타와 닮은 반점이 매력적인 고양이입니다. 원래 야생성이 강한 고양이지만 여러 세대를 거쳐 실내 생활이 가능한 고양이로 바뀌었습니다. 야생일 때에 비해 공격성은 줄었으나 자립심이 강하고 예민한 성격은 남아있습니다. 고양이를 처음 키우는 보호자에게는 적합하지 않을 수 있습니다.
- **유전 질환** : 심장 질환, 피부 질환, 스트레스성 질환 등

제 3 장

고양이는 고양이다

01

고양이 이해하기

 고양이에 대한 편견들

혼자서도 잘 지낸다? 독립적인 동물이다? 외로움을 타지 않는다?

고양이를 키우는 사람에게 '고양이의 장점이 무엇인가요?'라고 물어보면 흔히 '독립적이어서 좋다'고 말하곤 합니다. 혼자서도 잘 지내고 외로움도 타지 않아서 크게 신경 쓸 게 없다는 뜻입니다. 강아지에 비하면 고양이가 독립적으로 보이는 건 어쩌면 당연할지도 모르겠습니다. 매일 30분에서 한 시간씩 산책시켜야 하고 집에 들어가는 순간부터 나오는 순간까지 끝없이 따라다니며 애정을 갈구하는 강아지에 비해, 고양이는 도도하게 누워서 들어오고 나가는 보호자를 바라보고만 있으니 말입니다. 예전에 강아지와 고양이의 특성을 잘 보여주는 말을 들은 적이 있습니다. 고양이를 키우는 보호자가 잠시 친구의 강아지를 돌봐준 뒤 친구에게 '강아지는 자기 생활이 없어?'라고 푸념했다는 이야기죠. 재미있으면서도 두 동물 간의 가장 큰 차이를 보여주는, 사람들이 고양이를 어떻게 생각하고 있는지를 알 수 있는 부분입니다.

'고양이는 외로움을 타지 않나요?'에 대한 답은 '고양이도 외로움을 탄다'입니다. 우리가 생각하는 외로움과는 다를 수 있지만 고양이 역시 사회적인 동물로 다른 고양이와 협력하고 함께 살아가는 동물입니다. 이는 고양이의 사회 구조를 들여다보면 쉽게 이해할 수 있는데, 야생에서 고양이는 기본적으로 모계 사회를 이루며 다른 고양이와 공동 육아를 하기도 합니다. 그룹 중에 한 어미 고양이가 사냥을 나가면 다른 고양이가 남아 있는 새끼들을 돌보며 서로 의지하며 지냅니다. 집에서 키우는 고양이 역시 마찬가지입니다. 고양이는 함께 살던 보호자나 고양이가 갑자기 사라지면 우울증에 걸리기도 합니다. 고양이에게 '우울증'이라는 표현을 쓰는 데는 다소 논란이 있긴 하지만, 고양이가 보이는 무기력하고 밥을 잘 먹지 않는 등의 행동은 사람의 우울증 증상과 크게 다르지 않습니다.

고양이에게도 사회적인 관계는 아주 중요합니다. 그러나 고양이가 실내에서 사람과 함께 살면서 고양이의 사회적 관계 역시 사람에게 의존할 수밖에 없게 되었습니다. 다른 고양이와 만날 기회는 줄어들고 하루 종일 집에만 있다 보니 폐쇄적인 성격이 된 것이죠. 따라서 애초에 고양이의 성격이 외로움을 타지 않는 독립적인 성격이 아니라 후천적으로 환경에 따라 변하게 된 것입니다. 즉, 고양이의 성격은 고양이와 보호자가 어떻게 관계를 맺는가에 따라 매우 사교적이고 우호적인 고양이가 되기도 하고 예민하고 까칠한 고양이가 되기도 합니다.

임산부는 절대 키워서는 안 된다?

아마 결혼 적령기에 있거나 막 결혼한 보호자들 그리고 임신 중인 보호자는 귀에 못이 박이도록 들은 이야기일 것입니다. 이는 두 가지 잘못된 사실로부터 기인합니다.

첫째, 톡소플라즈마증(Toxoplasma)에 대한 우려입니다. 톡소플라즈마증은 고양이나 고양잇과의 동물을 숙주로 삼는 톡소플라즈마 곤디(Toxoplasma gondii)라는 기생충에 의한 감염성 질환으로, 임산부가 감염될 경우 유산이나 태아의 기형을 유발할 수 있습니다. 이처럼 아주 위험한 질병이라 걱정이 될 수 있지만, 간단한 검사로 충분히 쉽게 고양이의 감염 여부를 확인할 수 있습니다. 또한 톡소플라즈마증은 실제로 고양이로부터 전염되기보다는 익히지 않은 생고기를 먹었을 때나 감염된 고기와 채소를 같은 도마에서 다뤘을 때 더욱 감염 위험성이 높습니다. 만에 하나 고양이가 톡소플라즈마증에 감염되어 있다고 해도 배설된 기생충 알이 다른 고양이나 사람을 감염시킬 수 있는 상태가 되려면 48시간이 지나야 합니다. 이는 고양이가 변을 보는 즉시 치우면 감염되지 않는다는 뜻으로, 임산부가 고양이를 키우고 있다면 배우자 또는 가족이 하루에 한 번만 화장실을 청소하면 감염의 위험성은 크게 줄어든다는 뜻입니다.

둘째, 아기가 태어나면 질투하고 해를 입힌다는 오해입니다. 이것 역시 몇 가지 준비만 하면 아무런 문제도 되지 않습니다. 고양이들은 호기심이 많아 아기라는 존재를 대체적으로 잘 받아들입니다. 아기에게 적대적이지 않고 무심하거나 오히려 흥미로워하는 경우가 대부분입니다. 따라서 미리부터 큰 걱정을 할 필요는 없습니다. 물론 변화에 잘 적응하지 못하는 고양이도 분명 있으니 그럴 때를 대비해서 몇 가지 준비를 해두는 것이 좋습니다.

고양이는 변화와 냄새에 민감한 동물이므로 아기가 지낼 공간을 미리 만들어 두어 아기가 왔을 때 갑작스러운 변화처럼 느껴지지 않게 합니다. 또 아기 냄새가 밴 물건들을 미리 가져다 두면 냄새에 익숙해져 고양이가 새로운 변화에 잘 적응할 수 있습니다. 사실 이런 환경적인 변화보다 더 중요한 것은 임신 중에 평소와 같은 행동을 해야 한다는 것입니다. 임신 사실을 주변에 알리고 나면 많은 사람들에게 고양이에 대한 걱정스러운 이야기를 듣게 됩니다. 이 경우 대부분의 보호자는 고양이에 대한 안쓰러운 마음에 더 많이 쓰다듬고 더 살갑게 대합니다. 하지만 이런 행동은 오히려 출산 후 고양이의 소외감을 더욱 키우고 문제 행동을 유발합니다. 출산 후 아기에게 모든 신경을 쏟다 보면 상대적으로 고양이에게는 관심을 덜 주게 되고, 전과 달라진 보호자의 행동으로 인해 고양이는 불안감을 느끼게 되기 때문입니다. 나중에 부족해질 것을 대비하여 먼저 관심을 주는 것은 오히려 허탈감만 키우게 될 수 있으므로 처음부터 평소와 똑같이 행동하는 것이 좋습니다. 또한 함께 사는 가족이나 방문객들에게도 평소처럼 대할 것을 부탁해 둡니다. 고양이가 아기 옆으로 오려고 할 때 질색하거나 소리치고 불안해한다면 고양이는 아기가 불쾌한 일의 시작이라고 느끼게 됩니다. 모두가 긴장을 풀고 일상처럼 대해야 고양이도 아기를 편하게 대합니다.

고양이는 교육할 수 없다?

고양이도 교육할 수 있습니다. 다만 사람의 교육 방식과는 다소 차이가 있습니다. 고양이에게 좋은 행동과 나쁜 행동을 구분하여 가르칠 수는 없지만, 보상받을 수 있는 행동과 보상받지 못하는 행동은 알려줄 수 있습니다. 고양이의 교육은 우리가 원하는 행동에 보상(관심, 간식 등 고양이가 원하는 것)을 줌으로써 그 행동을 지속하게 만드는 것입니다.

이때 우리가 주의해야 하는 것은 고양이의 본성을 거스르는 행동을 가르치려 하지 말아야 한다는 것입니다. 소파를 망가뜨린다고 무조건 발톱을 긁지 못하게 가르칠 수는 없습니다. 이럴 때는 고양이가 좋아할 만한 스크래쳐를 주고 스크래쳐를 사용할 때마다 보상하는 것으로 행동을 바꾸어야 합니다. 고양이는 가구에 발톱을 긁을 때 그 행동이 나쁜 행동이라고 생각하지 않습니다. 하지만 스크래쳐에 긁을 때 보호자가 더 기뻐하고 맛있는 간식까지 준다면 당연히 스크래쳐를 사용할 것입니다. 고양이가 스스로 올바른 행동을 선택하도록 보호자가 고양이의 행동을 이해하고 그에 맞게 가르친다면 충분히 교육할 수 있습니다.

고양이 액체설?

덩치에 비해 훨씬 좁은 공간도 쉽게 통과하는 고양이를 보고 사람들이 재미있게 붙인 말입니다. 여기에는 비밀이 있는데 고양이의 쇄골은 뼈에 붙어있지 않고 떠 있다는 사실입니다. 쇄골이 떠 있기 때문에 아무리 좁은 공간이라도 머리만 들어갈 수 있다면 쇄골을 움직여 몸도 유연하게 통과할 수 있습니다.

고양이는 맛을 못 느낀다?

이 말은 어느 정도 맞는 말입니다. 고양이는 맛을 느끼는 미뢰가 사람보다 적습니다. 또한 단맛을 느끼지 못해 약의 쓴맛을 줄이려고 설탕을 첨가하는 것은 아무런 도움이 되지 않습니다. 대신 음식의 냄새에는 민감하게 반응합니다. 같은 음식에 좋아하는 냄새만 섞어줘도 훨씬 더 잘 먹습니다. 가장 좋아하는 음식의 온도는 35℃인데 아마 이 온도에서 휘발성 지방산이 가장 많이 날려서 냄새에 섞이기 때문인 것으로 보입니다.

행복한 고양이에게 필요한 것들

고양이를 키우는 보호자들은 고양이로부터 많든 적든 위로를 받고 있습니다. 조용한 삶을 원하는 사람이나 번잡한 게 싫은 사람들은 고양이를 선호하는 경향이 있습니다. 활동적이기보다는 주로 조용하고 섬세한 사람인 경우가 많죠.

이런 사람들은 고양이가 얌전하게 있는 것에 대해 대단히 만족스러워합니다. 하지만 고양이는 얌전하기만 한 동물이 아닙니다. 고양이에게는 고양이로서의 본능적인 욕구가 있으나 그 욕구는 대체로 무시되기 일쑤입니다. 강아지들은 쫓아다니고 짖는 것으로 보호자에게 끊임없이 욕구를 표출하는 데에 반해 고양이들은 표현하는 법을 모르는 것처럼 조용히 있는 경우가 많기 때문입니다. 고양이가 보이는 많은 행동 문제들은 대부분 욕구 불만에서 기인하니, 고양이가 고양이로서 행복하기 위해 필요한 기본 욕구를 알아보고 해결 방법을 확인해 봅시다.

첫째, 사냥 욕구

야생에서 생활하는 고양이는 하루 중 80%의 시간을 사냥에 씁니다. 하지만 실내에서 생활하는 고양이는 사냥이 아니라 보호자가 담아 놓은 사료를 먹으며 대부분의 시간을 무료하게 보냅니다. 고양이의 사냥 욕구를 채워주기 위해서는 푸드 토이를 사용하거나 사료 숨기기 등을 하는 게 좋습니다. 이런 놀이는 사료를 천천히 먹게 할 뿐만 아니라 먹이를 스스로 찾아내는 기쁨도 함께 줄 수 있습니다. 놀이를 할 때는 고양이가 최대한 많이 움직일 수 있도록 하고, 차츰차츰 난도를 올려 고양이의 승부욕이 불타오르고 삶의 무료함이 없어지도록 해줍니다.

▌둘째, 외부 환경을 탐색하려는 욕구

실내 생활을 한다고 해서 외부와 단절하는 것이 괜찮은 것은 아닙니다. 고양이들은 끊임없이 바깥 세계를 탐색하고 싶어 합니다. 물론 집 밖에는 위험 요소가 너무 많기 때문에 욕구를 다 들어주는 것에는 무리가 있습니다만, 할 수 있는 한 최소한의 환경은 마련해 주어야 합니다.

① 산책을 할 수 있는 고양이는 주기적으로 산책을 시킵니다.

주의할 점 : 주변에 고양이에게 위협이 될 만한 사람이나 동물이 없어야 하고, 돌발 상황에 빠르게 대처할 수 있도록 반드시 고양이용 하네스를 착용합니다.

② 마당이 있다면 나갈 수 있게 해줍니다.

주의할 점 : 집고양이가 집 밖으로 나가거나, 길고양이가 집 안으로 들어와 다툴 수 있으므로 안전한 상황에서만 내보냅니다.

③ 산책도 어렵고 마당도 없다면 창가에 밖을 볼 수 있는 장소를 마련합니다.

주의할 점 : 약한 방충망을 사용하면 밖으로 떨어질 수 있으므로 고양이 낙하 방지용 방충망으로 바꿔 달아야 합니다. 밖에서 나는 다양한 소리가 고양이에게는 흥미로운 자극이 될 수 있습니다.

▎셋째, 안심하며 편하게 쉬려는 욕구

고양이는 하루의 2/3 이상을 잠으로 보냅니다. 그만큼 고양이에게 잠은 중요합니다. 고양이가 편안하게 잘 수 있도록 다른 동물이나 사람에 의해 방해받지 않을 자신만의 공간을 마련해 주는 것이 좋습니다. 보통 구석진 곳이나 높은 곳을 선호하며, 캣워크나 캣타워를 설치해서 쉴 공간을 마련해 주는 것도 좋습니다. 이때 주의할 점은 고양이 안식처는 낯선 사람의 방문에도 안전하다고 생각할 만한 곳이어야 한다는 점입니다. 고양이의 행동 패턴을 잘 살펴보고 적당한 곳에 장소를 마련하도록 합니다.

▎넷째, 보호자와의 신뢰를 형성하려는 욕구

집에서 생활하는 고양이가 평생을 살면서 가지는 사회적 유대는 보호자와 그 가족 및 함께 사는 동물들에 국한되는 경우가 많습니다. 이 중 보호자와의 유대는 다른 무엇보다도 중요합니다. 고양이에게 우리는 어떤 존재가 되어야 할까요? 고양이 보호자들은 자신들을 '집사'라고 표현하는데 주저하지 않습니다. 독일에서는 '캔따개', 중국에서는 '똥 치우는 관리'라고 부른다고 하니 세계적으로 어느 정도 일맥상통하는 부분이 있는 것 같습니다. 하지만 실제로 고양이를 키울 때는 집사보다는 부모의 마음가짐이 필요합니다. 주인이 원하는 것은 무엇이든 들어주는 집사가 아니라, 아이에게 좋은 것과 좋지 않은 것을 구분해 주는 부모의 마음으로 가르치고 챙겨주고 보살펴야 합니다. 흔히 부모들은 아이가 못하는 것을 대신해 줌으로써 신뢰 관계를 형성합니다. 고양이와의 관계도 마찬가지입니다. 밥을 챙겨주고, 화장실을 치워주고, 그루밍하기 어려운 부분을 대신 빗겨주는 것 모두 신뢰 관계를 형성하는데 중요한 일들입니다. 고양이의 마음이 되어 고양이가 불편해할 만한 것들을 해소하고 원하는 것들을 채워주려 노력한다면 신뢰 관계는 금방 형성될 것입니다.

02

고양이의 소통 방식

시각을 사용한 소통

시각은 짧은 거리나 중간 거리의 소통에 사용하고 즉각적인 반응 및 행동을 유도합니다. 식별 능력은 사람과 비교해 5배 더 좋지만 해상도는 1/10 수준이며, 노란색·초록색·파란색은 볼 수 있지만 빨간색은 보지 못합니다. 고양이의 기분은 꼬리를 보면 알 수 있습니다. 꼬리 모양에 따라 어떤 기분 상태를 나타내고 있는지 알려드리겠습니다.

꼬리 모양	고양이의 기분 상태
직각으로 세운 꼬리	놀이해서 신이 날 때 인사할 때(때때로 고개를 숙이는 동작도 함께 합니다.) 암컷의 성적인 접근 자신감 있는 고양이의 친화 행동 (But. 직각으로 세운 꼬리를 채찍질하듯 움직이는 행동은 불만을 표현하는 것입니다.)
수평으로 둔 꼬리	친근한 접근의 표시
아래로 구부린 꼬리	방어적인 표시

아래로 확 낮춘 꼬리	경직되어 휙휙 흔든다면 적극적인 공격성의 표시 좀 더 흐물흐물하면 방어적인 공격성의 표시
다리 사이에 넣은 꼬리	항복의 표현 (But. 너무 구석으로 몰리면 공격할 수도 있으니 주의해야 합니다.) 공포를 느끼거나 이 상황에서 벗어나고 싶을 때 숨을 때

청각을 사용한 소통

청각은 거리가 조금 더 먼 경우에 사용하며 집단 모두에게 동시에 신호를 줄 수 있습니다. 가르랑거리는 소리(골골송)는 보통 기분 좋을 때 내는 소리로, 고양이가 태어나서 처음 듣는 소리도 엄마의 가르랑거리는 소리입니다. 대부분은 만족스러움을 표현하지만 아프거나 두려울 때, 싸움을 피하고 싶을 때 내기도 합니다. 가르랑거리는 소리와 비슷하게 웅얼거리는 소리 역시 만족스럽고 편안할 때 내는 소리입니다. 반대로 채터링(Chattering)이라는 소리도 있는데 이는 입을 벌리고 입술을 떨며 부르듯이 내는 소리입니다. 보통 사냥감을 보고 흥분했을 때 내는 소리로 창밖의 새를 보고 내는 경우가 많습니다.

사실 다 자란 고양이들끼리는 소리로 의사소통을 하지 않습니다. 우리가 알고 있는 고양이의 '야옹' 소리는 사람에게만 쓰는 소리입니다. 보호자에게 원하는 바가 있을 때 다양한 종류의 야옹 소리를 사용하는데, 앞뒤 상황을 잘 살펴보면서 고양이가 무엇을 원하는지 파악하려는 노력이 필요합니다.

후각을 사용한 소통

후각은 시간과 장소를 넘어선 소통을 할 수 있습니다. 강아지보다는 덜하지만, 고양이 역시 사람보다는 후각이 월등히 발달해 있습니다. 고양이의 입천장에는 서골코기(Vomeronasal organ)이라는 후각 기관이 있어서 공기 중의 냄새를 분석할 수 있으며, 냄새 정보는 24~48시간 이내의 것이 가장 정확합니다.

고양이는 꼬리, 이마, 입술, 턱, 발 패드에 피지선이 있습니다. 피지선이 있는 부위를 문지르면 왁스 형태의 분비물이 나오는데, 이 분비물을 묻혀 영역 표시를 합니다. 고양이를 키우는 집의 가구나 벽 모서리에서 쉽게 흔적을 발견할 수 있습니다. 수컷 고양이의 경우 영역을 지키고 침입자에게 경고하는 의미로 영역의 경계 부위에 소변 스프레이를 하기도 합니다. 소변 스프레이는 피지선보다 훨씬 더 강력한 영역 표시 방법입니다. 수컷은 8~10개월까지는 쪼그려서 소변을 보지만 이후부터는 소변 스프레이를 시작합니다. 이를 예방하려면 8개월령 이전에 중성화 수술을 해야 합니다.

Dr's advice

플레멘 반응(Flehmen response)

익숙하지 않은 흥미로운 냄새를 맡았을 때 보이는 반응입니다. 눈을 동그랗게 뜨고 입을 벌리는 멍해 보이는 표정이지만, 넋이 나간 것이 아니라 입안의 야콥슨 기관(Jacobson's organ)을 통해 냄새는 분석하는 데 집중하고 있는 표정입니다. 이런 반응은 고양잇과 동물들에게 다수 나타나며 이외에도 말이나 염소 같은 다른 개체에도 나타납니다.

 촉각을 사용한 소통

촉각은 주로 친밀한 사이에서 나타나는데 고양이들끼리의 친밀감은 6가지 형태로 나타납니다.

① 함께 자기
② 서로 그루밍 해주기
③ 냄새 공유하기
④ 오랜만에 만나도 반갑게 맞이하기
⑤ 나란히 달리며 꼬리를 비비고 가르랑거리기
⑥ 함께 놀이하기

이 중에 냄새 공유하기는 후각을 사용한 소통이라고 생각할 수 있지만, 촉각이 바탕이 되는 소통 방법입니다. 함께 사는 고양이들은 자주 몸을 비비며 냄새를 공유하는데 몸을 비빈다는 것 자체가 친밀한 사이에서의 촉각 소통이기 때문입니다. 몸을 비벼 서로의 냄새를 공유하면 낯선 침입자가 있을 때 빨리 알아차리고 대응할 수 있습니다. 간혹 함께 사는 고양이가 병원에 다녀온 후 하악질을 당하는 경우가 있는데, 소독약 등으로 인해 서로 공유한 냄새가 바뀌었기 때문입니다. 그밖에 고양이끼리 서로 핥아주는 행동인 알로그루밍(Allogrooming)은 '우리 친구지? 우린 같은 편이야' 등의 표현이고, 머리 밀기(Bunting)와 머리 문지르기(Rubbing) 역시 고양이들끼리 서로의 냄새를 묻히는 행동으로 보호자에게는 친숙함과 자신감, 애정 표현 등의 의미로 사용합니다.

고양이의 사회 구조

고양이는 은근히 서열이 확실하게 정해져 있는 동물입니다. 고양이 사회에서는 고양이A가 고양이B보다 우위에 있고, 고양이B는 고양이C보다 우위에 있다면, 고양이A는 고양이C보다 우위에 있는 것이 됩니다. 마치 '부하의 부하는 나의 부하'라는 느낌이죠. 서열이 높은 고양이는 대체로 공격적인 행동을 잘 보이지 않습니다. 다른 동물이 다소 공격적으로 나와도 잘 참는 편입니다. 하지만 공격이 시작된다면 날카롭게 반응합니다. 공격의 신호는 알아차리기 힘들 수도 있는데 다른 고양이가 가려는 길목에 서 있거나 길을 막는 것으로 시작됩니다. 촉각을 사용한 소통 중 '머리 밀기'는 사회적인 지위를 나타낼 때도 보입니다. 상대 고양이보다 지위가 높다면 자신의 지위를 드러내기 위해 상대 고양이를 머리로 밀어대기도 합니다.

03

고양이의 문제 행동

가끔 고양이가 보이는 이해할 수 없는 행동 때문에 걱정인 보호자가 많을 겁니다. 먹으면 안 되는 것을 먹는다거나 이유 없이 여기저기 긁어대거나, 갑자기 대소변을 가리지 못하는 경우도 있습니다. 이러한 고양이의 문제 행동에는 다양한 원인이 있습니다. 몸이 아파서일 수도 있고, 늘 함께 지내던 보호자가 일을 하게 되면서 많은 시간을 함께 보내지 못해서일 수도 있고, 반대로 밖에서 보내는 시간이 길었던 보호자가 재택근무를 하게 되어 집에 오래 있게 되는 경우에도 바뀐 상황에 적응하지 못해 스트레스를 받을 수 있습니다. 또한 새로 들어온 친구가 맘에 들지 않을 수도 있고, 이사 온 집에 적응하지 못해서일 수도 있습니다. 고양이가 이상한 행동을 한다면 행동의 전후에 환경적으로 어떤 것이 변했는지를 돌아보고, 고양이에게 필요한 것이 무엇인지 알아내서 채워주어야 합니다.

문제 행동이 계속된다면 보호자는 물론 고양이 역시 행복하지 않습니다. 이제부터 보호자와 고양이 모두가 함께 행복하게 살 수 있도록 고양이의 행복을 방해하는 문제 행동의 원인과 해법을 알아보겠습니다.

고양이가 자꾸 화초를 뜯어 먹어요

아마 많은 보호자가 화초를 뜯어 먹는 고양이를 본 적이 있을 것입니다. 고양이는 육식 동물인데 갑자기 왜 식물을 먹을까요?

대부분의 정상적인 고양이들은 종종 식물을 먹는 것으로 알려져 있습니다. 맛이 있어서 먹는 것인지, 호기심 때문인지, 부족한 섬유질을 보충하려고 먹는 것인지는 확실하지 않습니다. 하지만 이런 행동은 실제로 육식을 하면서 부족해질 수 있는 섬유질을 보충해주고 변비를 완화시키며, 당뇨를 조절하는 데도 도움이 됩니다. 다만 아무 식물이나 먹으면 안 되니 고양이가 좋아하고 소화에 문제가 없는 식물을 주어 고양이가 안전하게 욕구를 충족하도록 도와주어야 합니다.

▌고양이가 먹어도 되는 식물

캣닢(개박하)

캣그라스

고양이가 자꾸 식물을 먹는다면 고양이를 위해 별도의 식물을 기르는 것이 좋습니다. 보호자들이 고양이를 위해 키우는 식물은 캣닢과 캣그라스입니다. 둘 다 고양이가 좋아하는 식물인데, 이때 캣닢은 조금 주의해야 합니다. 고양이에 따라 캣닢에 지나치게 반응해 흥분하여 문제 행동을 일으키는 경우가 있기 때문입니다. 이런 반응은 유전적으로 각인된 것으로 바꿀 수 있는 것이 아닙니다. 물론 모든 고양이가 캣닢에 지나치게 반응하는 것은 아닙니다. 다만 집에서 키우는 고양이가 예민하고 약간의 공격성을 가지고 있다면 캣닢에 의해 쉽게 흥분할 수 있으니, 이럴 때는 캣그라스와 같은 다른 식물을 기르면 됩니다.

고양이가 먹으면 안 되는 식물

고양이가 먹으면 안 되는 식물은 의외로 많습니다. 식물을 먹어서 생기는 문제는 주로 독성에 관한 것으로, 집에서 식물을 기르고 있다면 혹시 그 식물이 고양이에게 독이 되지는 않는지 살펴보아야 합니다. 간혹 선물로 받은 꽃다발이 문제를 일으킬 수도 있으니 주의하도록 합니다. 고양이에게 해로운 식물은 다음과 같습니다.

백합
데이지
튤립
수선화
히아신스
협죽도
아마릴리스
디펜바키아
철쭉
사프란
소철
은방울꽃
스킨답서스
스파티필름
시클라멘

식물의 독성으로 인해 생기는 증상

고양이가 독성이 있는 식물로 인해 자극을 받으면 눈과 입 주변의 피부가 빨갛게 되거나 붓고 가려워하는 등의 증상이 나타날 수 있습니다. 이런 증상은 염증 반응 때문에 나타납니다. 또한 독성이 있는 식물을 먹게 되면 위와 내장이 영향을 받아 구토와 설사 증상을 보일 수 있습니다. 독성 성분이 특정 장기에 직접 영향을 미치는 경우에 보이는 증상은 주로 해당 장기와 관련이 있습니다. 예를 들면 다음과 같습니다.

- **기도** : 호흡 곤란이 생길 수 있습니다.
- **구강과 식도** : 침을 흘리거나, 침을 삼키기 어려워합니다.
- **위와 소장** : 구토 증상을 보입니다.
- **소장이나 결장** : 설사 증상을 보입니다.
- **신장** : 물을 많이 먹고 소변량이 늘어납니다.
- **심장** : 심장 박동이 불규칙하게 뛰고 기운이 없어집니다.

식물을 섭취한 후 이러한 증상이 의심되면 바로 병원에 가서 진료를 받아야 합니다. 또한 식물마다 나타나는 독성과 치료법이 다르므로 어떤 식물을 먹은 것인지 수의사에게 정확하게 전달하는 것이 중요합니다.

가구나 물건을 발톱으로 긁어요

가구나 물건을 발톱으로 긁는 이유

고양이가 소파나 가구를 긁어서 곤란한 경험은 보호자라면 누구나 겪는 과정입니다. 처음에는 멀쩡한 가구를 죄다 긁어놔서 속이 상하기도 하고 어떻게든 막아보려 노력하지만 이내 포기하는 경우가 대부분입니다. 그런데 고양이는 왜 자꾸 가구를 긁어댈까요? 보호자가 참는 것 말고는 다른 방법이 없는 걸까요? 고양이의 이런 행동에는 세 가지 이유가 있습니다.

떨어져 나온 외피

① 발톱을 탈피하기 위해

고양이의 발톱은 마치 갑각류의 탈피와 같아서 외피가 떨어져 나오면서 새로운 발톱이 나옵니다. 그래서 일반적으로는 새로운 발톱이 나올 때면 스크래쳐 등에 발톱을 긁어서 발톱의 외피를 제거합니다. 이때 스크래쳐가 마음에 들지 않거나, 혹은 당장 발톱을 긁고 싶은데 스크래쳐가 보이지 않는다면 가장 비슷한 형태인 소파나 가구를 긁는 것입니다. 사설이지만 가끔 제거된 외피를 보고 고양이의 발톱이 떨어진 것 같다며 깜짝 놀라 달려오는 보호자들이 있습니다. 제거된 외피가 발톱의 형상을 그대로 유지하고 있어서 그렇게 보일 수 있으나 지극히 정상적인 것이니 놀라지 않아도 됩니다.

② 시각적 · 후각적 표시를 남기기 위해

고양이가 가구를 긁는 것은 시각적 · 후각적 표시를 남겨 자신의 존재감을 드러내는 행동이라고 할 수 있습니다. 가구를 긁어서 생긴 흔적은 다른 고양이의 접근을 차단하기 때문에 자연스레 영역 싸움을 할 일도 줄어듭니다. 또한 긁는 과정에서 발 패드의 피지선에서 분비물이 나오므로 가까이에서 냄새를 맡으면 긁은 자국의 주인이 누군지도 알 수 있습니다.

③ 감정을 조절하기 위해

어떤 고양이는 '긁기'를 감정 조절에 사용하기도 합니다. 너무 기쁘거나 반대로 너무 짜증이 났을 때도 긁는 행동을 보입니다. 예전에는 이런 행동을 하지 못하도록 발톱을 제거하는 수술을 하기도 했지만, 지금은 학대로 여겨져 진행하지 않습니다. 몇몇 나라들은 법적으로 금지하기도 했습니다.

가구나 물건을 긁는 행동을 조절하는 방법

고양이들은 가구가 표지판 역할을 할 만한 장소(여러 방향으로 통하는 길목)에 놓여 있고, 재질이 자연에서 보는 것과 유사하면 일부러 찾아가 긁습니다. 그렇지만 이런 행동을 가만히 지켜볼 수는 없죠. 만약 고양이가 가구를 계속 긁으려 한다면 보호자는 적절한 장소에 스크래쳐를 제공하여, 가구가 아닌 스크래쳐를 긁도록 유도하는 것이 좋습니다.

① 적절한 스크래쳐 고르기

스크래쳐는 크게 두 가지 형태로 나뉩니다. 고양이가 서서 긁을 수 있는 수직형과 엎드려서 긁을 수 있는 수평형입니다. 수직형이든 수평형이든 고양이가 몸을 쭉 폈을 때 팔이 닿을 정도로 충분히 큰 것이 좋습니다. 또한 고양이가 체중을 실어 기대도 쓰러지지 않을 정도로 튼튼해야 합니다. 긁는 도중에 쓰러지면 깜짝 놀라서 다시는 쓰지 않을 수 있고, 세게 마음껏 긁지 못해 충분히 만족스럽지 않을 수도 있습니다.

고양이가 소파에 올라가서 긁는 것을 좋아하는 이유는 소파가 넓고 안정적이면서도 긁기에 아주 좋은 재질이기 때문입니다. 그러므로 소파를 지키기 위해서는 스크래쳐의 재질도 중요합니다. 기둥 형태의 수직형 스크래쳐에는 대부분 삼줄이 감겨 있습니다. 캣타워의 기둥에 감겨 있는 줄 역시 삼줄로 고양이가 아주 좋아하는 재질입니다. 수평형의 경우에는 바닥에 놓고 사용하는데, 대부분 종이로 만들어져 안전하게 사용할 수 있으나 주변이 지저분해질 수 있다는 단점이 있습니다. 이밖에도 패브릭이나 가죽, 골판지 등 다양한 재질이 있으니 고양이가 좋아하는 재질을 찾아 스크래쳐를 고르도록 합니다.

Dr's advice

적절한 스크래쳐 선택법

- 크기가 충분히 커야 합니다.
- 튼튼해야 합니다.
- 고양이가 좋아하는 재질이어야 합니다.

② 스크래쳐 위치 고르기

고양이가 좋아할 만한 스크래쳐를 찾았다면 이제는 잘 사용할 위치에 놓아주어야 합니다. 보호자의 통행에 거슬리거나 종이가 날려 지저분해지는 것이 싫어서 구석에 놓으면 잘 사용하지 않게 됩니다. 특히 어린 고양이에게 스크래쳐 사용법을 가르칠 때는 눈에 잘 띄는 곳에 놓아두고 언제든 쉽게 사용할 수 있도록 해야 합니다. 보통 스크래쳐는 고양이가 주로 쉬는 장소 근처에 두어 언제든지 긁고 싶을 때 긁을 수 있게 해주어야 하며, 한 개만 두기보다는 두세 개 정도 마련해주면 좋습니다. 고양이가 여러 마리라면 화장실처럼 '고양이 수 + 1개'를 두면 문제없이 사용할 수 있습니다.

Dr's advice

잘못된 스크래치 행동을 수정하는 방법

1. 고양이가 긁지 못하게 소파나 가구를 천으로 덮습니다. 이때 허술하게 덮어선 안 됩니다. 고양이가 안으로 들어가지 못하도록 확실하게 덮어야 합니다.
2. 고양이가 좋아할 만한 새 스크래쳐를 바로 옆에 놓습니다. 흥미를 유발하기 위해 장난감을 매달거나 캣닢이나 마따따비(개다래나무의 가지로 캣닢과 마찬가지로 고양이가 좋아하는 향을 가지고 있습니다)를 뿌려놓아도 좋습니다.
3. 스크래쳐를 사용하면 칭찬하고 간식을 주어 보상합니다.
4. 가르치는 동안 고양이가 덮어둔 천 안으로 들어가 소파나 가구를 긁더라도 제대로 덮지 않은 보호자의 잘못이라고 생각하고 절대 혼내지 않습니다.
5. 새로운 스크래쳐를 좋아하고 더 이상 가구에 흥미를 가지지 않으면 스크래쳐를 조금씩 원하는 장소로 이동시킵니다.
6. 잘 사용하고 있는 중간에도 가끔씩 보상을 주어 계속 관심을 줍니다.

밤에 잠을 안 자고 뛰어놀아요

고양이가 밤에 뛰어다녀서 잠을 설쳐본 보호자들이 많을 겁니다. 특히 두 마리 이상의 어린 고양이를 키우는 경우는 거의 피해갈 수 없는 일이기도 합니다. 두 마리가 신나게 뛰어다니면서 물건을 떨어뜨리거나 자고 있는 보호자의 배를 힘껏 밟아 놀라서 깨기도 합니다. 그 이유를 찾자면 사실 고양이는 원래 야행성이기도 하고, 보호자에게 온전한 관심을 받을 수 있는 유일한 시간이 밤이기 때문에 깨어있는 것이기도 합니다. 하지만 낮에 충분히 놀고 에너지 발산을 했다면 밤에도 잘 잡니다. 고양이가 한밤중에 뛰어다니지 않고 푹 자게 만들고 싶다면 다음과 같이 합니다.

- 잠들기 전에 15분 정도 고양이와 함께 놀아줍니다.
- 같이 놀 만한 다른 고양이를 데려옵니다.
- 자러 가기 전에 밥을 줍니다. 고양이는 종종 먹고 나면 잠을 잡니다.
- 줄을 매고 가볍게 산책을 합니다.

Dr's Q&A

Q. 고양이와 놀아주다가 오히려 잠이 깨면 어떡하죠?

A. 침실 밖에서 놀이를 하고 잠을 잘 때 침실로 돌아옵니다. 이렇게 놀이 공간과 휴식 공간을 분리해야 침실은 잠을 자는 곳이라고 인식되어 침실에서 노는 행동을 막을 수 있습니다. 또한 놀이 후에 밥을 줍니다. 놀이 후 바로 잠자리에 들면 고양이는 흥분이 식지 않아 더욱 놀아달라고 조를 수 있으니 밥을 주어 배부르게 한 뒤 잠잘 수 있도록 만듭니다.

감당하지 못할 정도로 너무 활동적이에요

밤에 노는 것만큼이나 보호자를 힘들게 하는 것은 지치지 않는 체력을 가진 '에너자이저 고양이'입니다. 하루 종일 보호자를 쫓아다니고, 길을 가로막고, 커튼을 기어오르고, 읽고 있는 신문이나 책을 치는 등의 행동이 여기에 해당합니다. 이런 과도한 활동성은 질병에 의한 것이 아니라, 보호자와의 상호 작용에서 자제가 잘되지 않는 운동 신경의 과잉 활성 때문입니다.

과도한 활동성을 가진 고양이는 에너지가 넘치는 상황이므로 유산소 운동과 보호자와의 상호 작용을 늘리는 것으로 해결해야 합니다. 이때 주의해야 할 점은 고양이의 과도한 활동성이 관심 끌기 행동이나 부적절한 놀이 행동, 질병과 관련한 활동 항진(일반적으로 갑상선 기능 항진증)과는 구분되어야 한다는 것입니다. 즉, 행동이 문제가 되는 것이 아니라 단순히 에너지가 넘치는 상황이라는 것을 인지하고 에너지를 해소하는 부분에 초점을 맞춘다면 조금은 차분하게 행동할 것입니다.

놀이할 때 손을 물거나 할퀴어요

어린 고양이는 매우 활발하고 호기심이 많으며 재빠르기 때문에 보호자가 행동을 일일이 통제하기 어렵습니다. 구석에 몰래 숨어 있다가 다른 고양이나 사람에게 달려들기도 하는데 이때 보호자의 옷에 치아나 발톱이 걸려 벗어나려고 버둥거리는 경우가 있습니다. 만약 고양이가 이런 행동을 할 때 귀엽다고 생각하면서 손으로 놀아주면 의도치 않게 고양이의 부적절한 놀이 행동을 강화하게 됩니다. 자신의 행동을 보호자가 좋아한다고 생각하여 문제 행동을 더 자주 하게 되고, 그러면서 점점 보호자의 손을 장난감이라고 여기면서 더 심하게 물게 됩니다.

고양이가 손을 물었을 때의 대처법

고양이가 손을 물었을 때는 두 가지 방법으로 대응할 수 있습니다. 첫째, 아무렇지 않은 듯 가만히 있습니다. 반응이 없으면 고양이는 재미없어하면서 금방 손을 놓게 됩니다. 초기에는 이 방법이 가장 효과적입니다. 둘째, 손을 빼지 말고 고양이 쪽으로 더 밀어 넣습니다. 손을 뒤로 빼면 고양이는 재미있어하면서 더 물려고 하지만 오히려 자기 쪽으로 밀면 자연스레 물고 있던 손을 놓게 됩니다. 무는 고양이로 만들지 않으려면 절대 손으로 놀아주지 않습니다. 어린 고양이가 달려들거나, 할퀴거나, 입질 등을 할 때 보호자는 "안 돼"라고 단호하게 말하거나 뒤로 물러남으로써 문제 행동을 멈추도록 해야 하고, 장난감 같은 것으로 관심을 돌려야 합니다. 초반에 문제 행동을 잡아주어야 앞으로 행동이 더욱 거칠어지는 것을 막고 올바른 행동을 가르칠 수 있습니다.

만약 이미 손으로 놀아주어 고양이가 손을 장난감처럼 생각하거나, 손으로 놀아주지 않았는데도 계속 손을 물려고 달려든다면 이렇게 합니다.

① 놀이 중에 고양이가 손을 물었다면 "앗" 또는 "안 돼"라고 짧고 단호하게 말하며 자리를 피합니다. 고양이를 두고 잠깐 방 밖으로 나갔다가 30초~1분 후 다시 돌아옵니다. 잠시 등을 돌리고 있는 것도 괜찮습니다.

② 돌아와서 다시 장난감으로 놀아줍니다. 다시 손을 물려고 하면 ①번 과정을 반복합니다.

③ 물리더라도 큰 소리를 내거나 혼내지 않습니다. 과장된 행동은 고양이에게 놀이로 받아들여져 문제 행동을 다시 키울 수 있습니다.

Dr's advice

필요 이상의 반응은 오히려 독이 됩니다.

어린 고양이들은 보호자에게 관심을 받고 놀이를 유도하기 위해 달려들고, 물고, 할큅니다. 이런 행동은 아주 자연스럽고 정상적인 행동입니다. 하지만 그때마다 반응을 해주면 성묘가 되어서도 관심을 얻기 위해 계속 달려들고 물고 할퀼 것입니다. 따라서 물거나 할퀴더라도 필요 이상의 반응을 보이지 말고, 이 행동을 계속하면 놀이가 중단된다는 사실을 알려주는 것이 필요합니다. 몇 번 반복하다 보면 고양이는 보호자의 손을 물거나 할퀴면 놀이가 중단됨을 인지하게 됩니다.

고양이의 문제 행동을 교정할 때 절대로 신체적인 폭력을 사용해서는 안 됩니다. 폭력은 고양이의 행동을 더욱 거칠게 만들거나 두려움을 갖게 할 수 있습니다. 가끔 어린 고양이의 목덜미를 잡아 행동을 교정하려는 보호자들도 있는데, 이런 방법은 그다지 추천하지 않는 행동 중 하나입니다. 만약 보호자가 고양이를 피하기 위해 일어서거나 다리를 뒤로 뺄 때 더욱 공격적인 성향을 보인다면, 이미 심각한 문제가 있는 것이므로 놀이 관련 공격성에 대한 상담과 치료를 받아야 합니다.

Dr's advice

클립노시스(Clipnosis, Scruffing, Pinch-induced behavioral inhibition : PIBI)

어미 고양이가 어린 고양이를 이동시킬 때 목덜미를 물고 옮기는 것을 보고 흉내낸 것입니다. 이는 어릴 때 잠깐 어미 고양이에게만 허용되는 행동이니 따라 하지 않는 것이 좋습니다. 대부분의 고양이는 목덜미를 잡으면 몸이 경직되어 움직이지 못합니다. 편안해하지 않을뿐더러 때로는 공격적으로 변할 수도 있으니 이런 행동은 멈춰야 합니다.

고양이가 자꾸 사고를 쳐요. 관심을 받고 싶은 건가요?

고양이가 자꾸 사고를 친다면 보호자의 관심을 받고 싶다는 무언의 시위일 수 있습니다. 고양이는 언제나 보호자의 관심을 받고 싶어 합니다. 독립적인 성격이라 안 그럴 것 같아도 은근히 보호자의 관심을 원하죠. 고양이가 관심을 끌기 위해 보이는 행동은 전적으로 보호자의 반응에 따라 결정됩니다. 어떻게 하면 보호자가 관심을 보이는지 고양이는 항상 관찰합니다. 관심이 필요한 상황에서 관심을 받지 못했거나, 바람직한 행동이 무엇인지 배운 적이 없는 고양이는 관심을 얻기 위해 극단적인 방법을 사용하기도 합니다. 갑자기 달려들거나, 할퀴거나, 발로 누르거나, 옷을 잡아당기거나, 울거나, 잘 때 몸 위를 왔다 갔다 합니다. 일부러 물건을 망가뜨리기도 하고 부적절한 곳에 배변을 보기도 합니다. 물건을 훔쳐 가거나 들어가지 못하게 막아놓은 곳을 들어가고, 가구를 마구 긁기도 합니다.

보호자가 생각하는 관심은 따뜻한 말과 행동, 즐거운 놀이와 같은 긍정적인 행동이지만, 고양이에게는 하지 말라고 소리치거나 물건이 떨어지는 소리에 놀라 뛰어오는 것도 관심이라고 인식합니다. 그래서 관심이 필요한 고양이는 관심을 받기 위해 무슨 일이든 하는 것입니다. 특히 불안을 느끼는 고양이라면 더욱 심한 행동을 할 수 있습니다. 불안한 고양이에게 관심은 그냥 원하는 것이 있어서 그런 것이 아니라 반드시 필요한 것이기 때문입니다.

관심 끌기 행동을 줄이는 방법

관심 끌기 행동을 줄이려면 먼저 고양이의 불안감을 해소해 주어야 합니다. 다음 네 가지 방법을 사용하여 고양이의 불안감을 줄여 봅시다.

① 고양이와 함께하는 생활 계획표를 만듭니다.

큰 변화 없이 정해진 일정대로 생활하면 고양이의 불안감을 줄일 수 있습니다. 또한 하루에 두 번 정도는 시간을 정해서 5~15분씩 고양이에게만 집중하는 시간을 가집니다. 이런 시간은 불안감을 느끼고 관심을 갈구하는 고양이의 스트레스를 줄여주어 더 좋은 결과를 낳게 합니다. 이 시간에 간식을 사용해 '앉아, 기다려' 등의 간단한 교육을 해도 좋습니다. 놀이를 좋아하지 않는 고양이라면 빗질을 하거나 쓰다듬어 주는 것만으로도 충분한 관심이 됩니다. 이 시간은 고양이에게만 집중하는 시간이므로 딴짓을 하며 건성으로 하기보다는 고양이에게 집중해야 효과가 있습니다.

② 충분히 놀아주어 에너지를 발산할 수 있게 합니다.

어린 고양이는 엄청 활동적이고 혼자 놀기보다는 함께 노는 것을 좋아합니다. 보호자 혼자서 감당하기 어렵다면 친구를 만들어주는 것도 좋은 방법입니다.

③ 푸드 토이를 사용해서 식사를 줍니다.

공을 굴리거나 장난감을 손으로 쳐야만 사료가 몇 알씩 떨어지는 푸드 토이는 에너지가 넘치는 고양이들에게 운동의 효과를 줄 수 있고, 정신적으로도 즐거운 자극이 됩니다. 자신의 노력으로 얻어낸 보상이 가장 즐거운 법이니까요.

④ 욕구를 파악해 충분히 해소해 줍니다.

어린 고양이는 욕구가 충족되지 않으면 남은 기운을 모두 성가신 관심 끌기 행동으로 바꿉니다. 만약 놀고 싶은 욕구가 강한 고양이라면 정기적으로 놀아주는 시간을 정해 욕구를 충분히 풀어주는 것이 좋습니다. 이는 고양이를 위해서도 좋지만, 보호자 역시 자신만의 시간을 가질 수 있게 됩니다.

관심 끌기로 억지로 얻어내는 관심과는 달리, 위의 4가지 방법은 차분하고 기분 좋은 관심을 받게 해줍니다. 이런 경험들이 반복되면 고양이는 더 이상 부적절한 문제 행동을 통한 관심 끌기를 하지 않을 것입니다.

Dr's advice

관심 끌기 행동을 부추기는 보호자의 잘못된 행동

- 외출할 때 머리를 쓰다듬으며 변명하는 행동
- 오랜 시간 혼자 두는 행동
- 차분할 때는 관심을 주지 않고 있다가 고양이가 요구해야만 관심을 주는 행동

→ 차분하고 조용할 때 쓰다듬고 관심을 주면 고양이는 더욱 차분해집니다.

 어느 날 갑자기 화장실을 사용하지 않아요

일반적으로 고양이들은 매우 청결한 동물이기 때문에 화장실을 잘 사용합니다. 하지만 얼마 전까지만 해도 잘 사용하던 화장실을 갑자기 사용하지 않고 문제 행동을 보인다면 정말 난감합니다. 화장실 문제는 왜 생기는 것이고, 어떻게 대처해야 할까요? 보통 화장실 문제를 겪는 보호자들은 다음과 같은 불만을 이야기합니다.

- 화장실을 전혀 사용하지 않아요.
- 소변이나 대변 중 하나만 화장실에서 해결해요.
- 화장실 안이 아니라 화장실 옆에 배변해요.
- 화장실을 사용하고는 모래를 덮지 않아요.

(이 행동은 늘 그래왔다면 정상일 수 있지만, 어느 날 갑자기 변했다면 주의 깊게 관찰해야 합니다.)

최근 들어 이런 문제가 생겼다면 변화된 부분이 있는지 살펴보아야 합니다. 모래나 화장실의 위치가 바뀌었거나 화장실을 제때 치워주지 않아 더러우면 화장실을 사용하지 않는 경우가 많습니다. 또한 새로운 고양이가 들어왔거나, 함께 사는 고양이와 자주 다툰다거나, 보호자가 고양이에게 소홀해졌다면 스트레스를 받아 문제 행동을 보일 수도 있습니다.

고양이가 화장실을 사용하지 않는 대표적인 이유

- **비뇨기 질환** : 아파서 그런 건 아닌지 병원 검진을 받습니다. 고양이들은 우리가 알지 못하는 여러 가지 이유로 스트레스를 받고, 그 스트레스 때문에 비뇨기 질환을 앓는 경우가 많습니다. 혹시나 질병으로 인해 화장실을 사용하지 않는 것이라면 서둘러 원인을 파악하고 치료해야 합니다.
- **모래 선호도** : 고양이가 좋아하는 모래를 사용해야 화장실 실수가 줄어듭니다. 화장실 모래가 고양이의 마음에 들지 않을 경우 문제 행동이 발생하기도 합니다. 고양이마다 좋아하는 모래의 형태가 다른데, 모래의 선호도는 고양이가 발바닥에서 느끼는 촉감에 따라 선택됩니다. 응고형 모래를 좋아하는 고양이도 있고 두부 모래나 콩 모래를 좋아하는 고양이도 있죠. 각자 좋아하는 모래가 있어서, 만약 응고형 모래를 사용하던 고양이에게 두부 모래를 주면 잘 사용하지 않거나 화장실 근처에 배변 실수를 할 수도 있습니다. 모래를 바꾸고 처음에는 잘 사용하다가 차츰 사용을 안 하는 경우도 있습니다. 그럴 때는 이전에 잘 사용하던 모래로 돌아가 보는 것도 좋은 방법입니다.

Dr's Q&A

Q. 고양이가 모래를 좋아하는지 어떻게 알 수 있나요?

A. 고양이가 화장실에 들어가서 모래를 긁고 판다면 그 모래를 좋아한다는 뜻입니다. 특히 화장실에 앉아 있거나 누어서 뒹구는 행동을 한다면 모래가 너무나 마음에 든다는 표현입니다.

- **화장실 위치** : 고양이에게는 화장실의 위치도 아주 중요합니다. 고양이 화장실은 보통 베란다 구석, 세탁실 구석, 방의 모서리에 위치하는 경우가 많습니다. 심지어 현관 입구에 두는 경우도 있습니다. 지저분해져도 치우기 쉬워 적당한 위치라고 생각해서입니다. 하지만 이런 곳은 보호자에게는 편할 수 있으나 고양이에게는 화장실을 놓기에 적당하지 않은 곳입니다. 고양이들은 배설 장소를 선택할 때 몇 가지 기준이 있습니다. 우선 밥이나 물을 먹는 곳에서는 절대 배설을 하지 않습니다. 따라서 식사 자리와 물 자리 옆에 화장실을 두면 안 됩니다. 가장 좋은 화장실 자리는 탁 트여 주변 확인이 잘 되고, 누군가가 위협할 때 쉽게 도망갈 수 있어야 하며, 이런 조건을 갖추면서도 프라이버시는 보장받을 수 있는 곳이어야 합니다. 베란다나 방의 구석은 갇힌 느낌이 들고 앞을 막으면 도망갈 곳이 없습니다. 세탁실은 갑작스러운 세탁기 소음에 놀라 고양이가 화장실 사용을 꺼릴 수 있으며, 현관도 마찬가지입니다. 수시로 사람이 들락거리는 곳에 있는 화장실을 좋아하는 고양이는 없을 것입니다. 베란다든 방이든 장소는 상관없지만, 구석보다는 중간에 화장실을 놓는 것이 좋습니다.

- **화장실 수** : 여러 마리의 고양이를 키우고 있다면 화장실도 여러 개가 필요합니다. 최소한 고양이 수만큼의 화장실이 필요하고 '고양이 마릿수 + 1개'면 더 좋습니다. 화장실은 한 곳에 모아 두지 말고 집 안 여기저기에 퍼뜨려 놓아야 화장실 문제로 고양이들이 싸우는 것을 방지할 수 있습니다. 가끔 소변이나 대변 중 하나만 화장실을 사용하는 고양이가 있습니다. 이런 경우에는 화장실을 하나 더 마련해 소변보는 화장실과 대변보는 화장실을 구분해 주면 쉽게 해결할 수 있습니다.
- **화장실 청소** : 화장실의 청결 상태도 문제를 일으키는 이유가 됩니다. 적어도 하루에 한 번은 화장실을 치워주고, 일주일에 한 번은 모래를 모두 털어내고 새 모래로 갈아줍니다. 그리고 한 달에 한 번은 화장실을 물로 깨끗이 씻습니다. 화장실을 물청소할 때는 미지근한 물과 냄새가 강하지 않은 세제를 사용하고 세제 냄새가 남지 않도록 충분히 헹구어 줍니다.
- **화장실 형태** : 보호자들은 모래가 여기저기 흩날리는 사막화 현상과 냄새를 차단하고자 뚜껑이 달린 화장실을 선호하는 경우가 많습니다. 하지만 고양이의 입장에서 보면 환기가 되지 않아 냄새가 빠지지 않은 화장실에 들어가는 일은 결코 유쾌하지 않으며, 갇힌 느낌을 받을 수도 있습니다. 화장실과 관련된 문제 행동을 보이는 고양이의 화장실에 뚜껑이 달려 있다면 답답해서 들어가지 않는 것일 수 있습니다. 이럴 때는 뚜껑이 없는 형태의 화장실로 바꾸면 문제 행동이 바로 사라질 겁니다.

뚜껑 있는 화장실

뚜껑 없는 화장실

• **화장실 크기** : 화장실의 크기는 몸길이의 1.5배가 적당합니다. 너무 작으면 자세를 잡기가 불편하고 혹여라도 볼일을 보다가 중심을 잃어 화장실이 뒤집히기라도 하면 다시는 그 화장실을 사용하지 않으려 할지도 모릅니다. 어린 고양이의 경우 작은 플라스틱 박스(넓고 낮은 락앤락 용기 등)를 쓰다가 어느 정도 크고 나서 정식 제품으로 바꿔주어도 됩니다. 나이 든 고양이는 관절염 때문에 높은 화장실에 잘 올라가지 못하니 좀 더 낮은 화장실을 마련해 쉽게 사용할 수 있도록 해줍니다.

작은 것에도 깜짝 놀라고 겁이 너무 많아요

공포와 두려움의 문제

호기심이 많은 어린 나이임에도 불구하고 주변에 대한 관심이 적고, 다른 고양이들과 어울리지 못하며, 별로 위협적인 상황이 아닌데도 지나치게 겁을 내고 무서워하는 고양이들이 있습니다. 이런 고양이들은 동물병원에 방문하면 납작 엎드려서 움츠린 채로 몸을 떨거나 구석으로 도망가기 바쁩니다. 유전적으로 겁이 많고 소심하거나 예민한 성격을 타고난 것입니다.

소심하거나 예민한 성격의 고양이는 절대 자라면서 저절로 좋아지지 않습니다. 하지만 어느 정도 완화는 시킬 수 있습니다. 고양이는 2~7주 또는 9주까지 사회화 기간을 가집니다. 이때 많은 것을 경험하고 많은 사람과 긍정적인 접촉을 한다면 조금은 나아질 수 있습니다. 가능한 한 이른 시기부터 주위 환경의 다양한 자극에 안전한 방식으로 노출시키고 발톱 깎기, 칫솔질, 빗질 등도 시작하도록 합니다.

Dr's advice

고양이 사회화 기간

사회화는 어린 동물이 세상을 알아가는 과정입니다. 이 시기는 호기심이 두려움을 앞서기 때문에 새로운 것도 비교적 잘 받아들입니다. 다양한 자극(사람, 다른 동물, 차 타기, 동물병원 방문 등)에 긍정적으로 노출시켜 해당 상황이 위험한 것이 아니라는 사실을 인지시켜야 합니다.

소심하고 겁많은 고양이를 병원에 데려가는 방법

병원에 데려가기 위해 고양이를 이동장에 억지로 넣거나 억지로 꺼내지 않는 것이 가장 중요합니다. 이동장은 뚜껑이 완전히 분리되는 제품을 선택하는 것이 좋으며, 평소에 이동장 훈련을 해둡니다. 동물병원에 도착해서 고양이가 이동장에서 나오지 않으려 한다면 뚜껑만 열고 수건으로 덮어 안정시키면서 진료를 보는 것이 좋습니다. 억지로 꺼내는 순간 패닉 상태가 되어 진료가 더욱 힘들어질 수 있으니 담당 수의사에게 고양이의 성격을 말하고 직접 요청하도록 합니다.

※ 제1장. 고양이와 함께 살아가기 〉 03. 어린 고양이의 기본 생활 교육 〉 이동장 훈련(p.27)을 참고하세요.

만약 병원 방문을 지나치게 힘들어한다면 미리 행동학 약물을 처방받아 먹이는 것도 좋은 방법입니다. 오메가-3 지방산은 신경 손상을 막아 소심한 고양이에게 도움을 주며, 질켄(Zylkene)은 두려움이 많은 고양이가 평정심을 찾는 데 도움을 줍니다. 이런 약물을 사용하면 병원 방문 및 진료가 훨씬 수월해집니다.

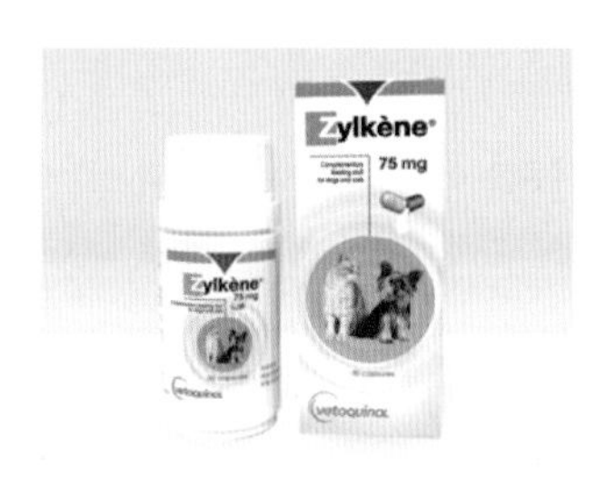

질켄

밤낮을 가리지 않고 소리를 지르고 문에 자꾸 부딪혀요 : 인지 장애

나이가 들어감에 따라 행동 습관, 수면 주기, 배설 등의 인지 행동에 문제가 생기는 것을 인지 장애라고 합니다. 이는 진행성 질병으로 점점 악화됩니다.

인지 장애의 증상

인지 장애의 증상으로는 여러 가지가 있습니다. 수면 주기가 변해 밤에 갑자기 소리를 지른다거나, 화장실 실수도 잦아지고 자꾸만 구석으로 가거나 문을 못 찾는 등 방향 감각을 잃기도 합니다. 예전에는 편안해했던 상황에서도 불안감을 느끼며, 사람이나 다른 동물과의 상호 관계가 점점 줄어들더니 나중에는 완전히 결핍됩니다.

처음에는 관절염처럼 통증이 있는 질병, 후각이나 시각의 저하, 치과 질환, 먹고 있는 약의 부작용 등이 이러한 증상을 불러온 것처럼 느낄 수 있습니다. 하지만 인지 장애는 정상적인 변화가 아니며 관리와 치료가 필요한 질병임을 알아두어야 합니다.

▌인지 장애가 있는 고양이의 관리

나이가 들어 이전과 다른 행동을 하는 고양이를 보는 일은 보호자에게 매우 슬픈 일입니다. 하지만 슬퍼하고만 있으면 안 됩니다. 아직 고양이의 삶은 남아 있고, 남아 있는 삶을 조금이라도 더 쾌적하고 안락하게 보낼 수 있게 도와주어야 합니다. 그것이 그동안 고양이가 우리에게 준 즐거움에 대한 작은 보답일 것입니다.

인지 장애가 생겼다면 가장 기본적인 생활부터 바꿔줍니다. 화장실을 턱이 낮은 제품으로 바꾸고 고양이가 주로 생활하는 공간 옆으로 옮겨 줍니다. 가벼운 관절 운동을 통해 근육을 자극하고 마사지를 해주면 활동하는 데 조금은 편하게 움직일 수 있습니다. 푸드 퍼즐을 사용하면 운동이 됨과 동시에 후각을 통한 인지 자극도 줄 수 있습니다. 이때 음식을 35℃ 정도의 온도로 데워서 주면 후각 자극에 훨씬 도움이 됩니다. 밤에 잠을 자지 못할 정도로 증상이 심한 고양이는 약물을 처방받아 먹이는 것도 한 방법입니다. 오메가-3 지방산은 신경 손상을 막아 인지 기능 장애가 있는 고양이에게 도움이 되고, DHA, EPA, 포스파티딜세린(Phosphatidylserine), 비타민C와 E, 셀레늄(Selenium), 아세틸시스테인(Acetylcysteine) 등을 함유한 영양제는 인지 장애를 가진 고양이의 증상 개선에 도움을 줍니다.

 좋아하던 놀이도 하지 않고 구석으로 가서 숨어요 : 우울증

'우울증'이라는 표현을 동물에게 사용하는 것에 있어서는 논란의 여지가 있지만, 고양이가 보여주는 증상이나 발병의 원인을 보면 우울증이라는 단어 외에 다른 표현을 찾기는 쉽지 않습니다.

고양이 우울증의 원인

고양이 우울증의 원인에는 상실감과 공포감이 큰 작용을 합니다. 좋아하던 보호자가 갑자기 보이지 않거나 함께 지내던 고양이를 잃었다면 감정 교류를 했던 존재가 사라짐에 따른 상실감이 크게 작용합니다. 파양 후에 다시 입양되었을 때는 또다시 버려지는 것은 아닐까에 대한 공포감이 크게 작용합니다.

고양이 우울증의 증상

우울증에 걸리면 가장 먼저 움직임이 줄어듭니다. 평소보다 잠을 많이 자거나, 잠을 못 자는 등 수면 주기에 변화를 보이고 식욕이 줄어들면서 살이 빠집니다. 이전에 좋아했던 것에도 흥미를 보이지 않고 무기력한 모습을 보이며 보호자 및 다른 동물들과의 접촉을 피하기도 합니다. 이런 증상이 1~2주 이상 지속된다면 우울증이라고 볼 수 있습니다. 특히 최근에 함께 지내던 고양이를 잃었다면 자주 체중을 재며 지켜봐야 합니다. 체중의 변화는 상실로 인한 슬픔이 우울증으로 변화하는지 알 수 있는 지표가 되기도 합니다.

고양이 우울증의 관리

평소에 고양이가 좋아하던 행동을 해줍니다. 빗질을 좋아한다면 자주 빗질을 해주고, 쓰다듬는 것을 좋아한다면 자주 쓰다듬어 줍니다. 좋아하는 놀이를 함께 하고, 좋아하는 간식을 주고, 따뜻한 햇살을 받으며 일광욕을 시키는 것도 좋습니다. 최대한 편안한 상태를 유지하게 해주고 놀라거나 스트레스를 받을 만한 일은 피합니다. 체중이 많이 줄었다면 음식을 따뜻하게 데워 식욕을 돋우는 방법도 있고, 항산화제가 포함된 영양제나 오메가-3 지방산을 급여해 주는 것도 한 가지 방법이 될 수 있습니다. 의지하는 사람이나 고양이가 투병 중이라면 치료 과정을 보여주는 것도 도움이 됩니다. 가능하다면 문병도 하며 마지막을 함께 할 수 있다면 상실감을 조금 더 쉽게 받아들이기도 합니다.

이런 식의 관심을 최소한 일주일 정도 집중해서 지속해 줍니다. 그러나 이런 도움과 노력에도 불구하고 상황이 나아지지 않고 체중이 계속 줄어든다면 약물을 처방받아 치료해야 합니다.

Dr's advice

마리 이야기

여러 마리의 고양이를 키우는 보호자가 고양이 중 한 마리가 우울증이 의심된다며 내원하였습니다. 고양이의 이름은 마리. 밤에 심하게 울고, 거실에서 원을 그리며 돌고, 소변 테러를 하는 등의 증상이 있었습니다. 마리는 2년 전쯤 유기되어 보호소에 있다가 지금의 보호자가 데려와 함께 지내고 있습니다. 잘 지내는 것으로 보였지만 이상 행동이 시작된 건 1년 전쯤이었습니다. 1년 전에 새로운 집에 와서 의지하던 고양이가 죽은 후부터 마리는 낚싯대에 흥미를 보이다가도 다른 고양이가 끼어들면 말없이 물러나서는 구석으로 들어가 버렸다고 합니다. 대부분의 시간을 소파 밑 구석에서 보내고 다른 고양이들이 보호자의 침대에서 옹기종기 모여서 잘 때 방에 들어오지 못하고 거실에서 밤새 울기도 했습니다.

사정을 듣고 보호자에게 한 달간 밖에서 마리와 함께 잘 것을 부탁드리고, 마리에게는 우울증 치료 약물을 처방하였습니다. 또 하루 중 시간을 정해서 15분은 마리하고만 놀아주고, 화장실을 마리가 주로 지내는 소파 근처로 옮기고 모래도 바꾸어 주도록 하였습니다. 그 후 마리는 밤에 우는 횟수가 급격하게 줄었고 울더라도 아주 작은 소리만을 내게 되었습니다. 더 이상 소변 테러도 하지 않았고, 노는 시간에는 아주 즐거워 보이기까지 했습니다. 조금 더 시간이 필요하겠지만 그래도 마리는 잘 극복할 것으로 보입니다.

우울증은 절대 저절로 나아지지 않습니다. 적절한 환경의 변화는 물론 심할 경우 약물의 처방이 필요할 수 있습니다.

 의미 없이 같은 행동을 반복해요 : 강박 장애

강박 장애는 특정한 행동을 집요하게 반복하는 것을 말합니다. 거실을 왔다 갔다 하거나 몸의 한 부분을 집요하게 핥거나 물어뜯을 수 있습니다. 천을 씹거나 빨고 심지어 먹기까지도 합니다. 고양이가 이런 행동을 하는 이유는 '불안'하기 때문입니다.

강박 장애의 이유

불안을 느끼고 있을 때 우연히 했던 행동으로 불안감이 줄었다면 불안할 때마다 그 행동을 반복합니다. 또한 고양이가 강박 행동을 할 때 보호자가 걱정되어 관심을 기울이거나 간식을 주면 오히려 그 행동이 더욱 심해질 수 있습니다. 강박증은 보통 생활 패턴의 변화 또는 스트레스가 있는 경우에 나타납니다. 강박 행동을 보인다면 어떤 요인이 고양이에게 불안감을 주었는지 주변을 확인해 볼 필요가 있습니다. 간혹 강박 행동과 동시에 피부 관련 문제가 나타나기도 합니다. 불안감은 물론 통증이나 가려움증의 유무에 대해서도 함께 확인해야 합니다. 불안감, 통증, 소양감은 모두 중추 신경과 관련이 있으므로 어떤 한 요인으로 인해 강박 장애가 생길 수 있기 때문입니다. 강박 장애는 치료를 하면 정상이라고 판단할 만큼 좋아지지만, 아쉽게도 완전히 정상 고양이가 되지는 않습니다.

강박 행동은 나이와 성별에 따른 차이는 없지만, 일부 품종에서 특정한 형태로 나타나기도 합니다. 예를 들면 샴 고양이는 천을 빨거나 먹는 행동을 많이 보이고, 뱅갈 고양이는 공간이 부족하거나 지루하다고 느끼면 그루밍과 관련된 강박증을 보입니다.

강박 장애 고양이의 관리

강박 행동을 유발하는 자극이 무엇인지 파악하고 관리해야 합니다. 피할 수 있다면 피하고, 피할 수 없는 자극이라면 충분한 시간을 두고 자극의 정도를 줄여줍니다. 고양이가 자신의 몸을 핥거나 씹는 등 문제 행동을 할 때, 행동을 못하게 하면 오히려 방향 전환 공격성이 나타날 수 있으니 고양이가 좋아하는 것을 이용해 강박 행동에서 관심을 돌리도록 합니다.

강박 장애로 진단된 고양이는 약물을 통해 증상을 완화할 수 있습니다. 다만 완치가 되는 것이 아니므로 약물을 중단하면 재발하기 쉬워 평생 복용해야 합니다. 약물을 복용하면 약 3~5주 정도 후에 조금씩 효과가 나타납니다. 약물을 통해 고양이에게 행동 변화가 생겼다면 과하게 칭찬하기보다는 얌전하게 있을 때 보상하는 정도만 하여 최대한 자극을 억제하는 것이 좋습니다.

몸을 과하게 핥거나 털을 자주 뽑아요 : 고양이 감각 과민증

고양이 감각 과민증은 주로 피부의 문제로 나타나는 강박 장애 중 하나로 증상의 정도에 따라 첫 번째 증상과 두 번째 증상으로 나눌 수 있습니다. 만약 고양이가 여기에 나열된 행동들을 보인다면 감각 과민증으로 볼 수 있습니다.

• 첫 번째 증상

① 꼬리 움찔거리기

② 등의 물결 피부

③ 등줄기 털을 세움

④ 등과 옆구리 근육의 경련

⑤ 흥분하면 가끔 눈동자가 커짐

• 두 번째 증상

① 무언가를 찾는 듯 괴로운 소리내기(하악, 으르렁, 야옹)

② 달리기/점프하기(마치 이곳에서 벗어나려는 듯 보이는 행동)

③ 털 뽑기

④ 발정기 때처럼 구르기

⑤ 만졌을 때 나타나는 과도한 공격성

⑥ 자신이나 근처의 대상에게 향하는 방향 전환 공격성

⑦ 스스로에게 보이는 공격성(핥기, 빨기, 씹기, 물기, 털 뽑기, 자해 등을 포함한 이례적인 행동)

두 번째 증상까지 보일 정도로 감각 과민증이 진행되면 눈으로 확인될 만큼 피부 증상이 심화됩니다. 피부에 껍질이 일어나거나 비듬, 딱지, 농포가 생기는 등 병변이 발생하고, 물고 빨아서 털이 짧거나 없어지기도 하며, 피부가 붉어지는 등의 침에 의한 변색이 생기기도 합니다. 잡아 뜯거나 할퀸 것으로 보이는 상처도 심심찮게 찾아볼 수 있습니다.

Dr's advice

물결 피부(Rippling skin)

물결 피부는 물어뜯어 털이 듬성듬성 빠진 상태를 의미합니다. 유전적인 소인이 있기도 하지만 새로운 동물이 들어오거나, 하루 일과에 변화가 있거나, 이사를 하는 등의 스트레스 요인이 행동을 더 자주하게 만들기도 합니다. 불안 관련 질환이 있다면 더 심해질 수 있습니다.

감각 과민증 고양이의 관리

피부 증상이 있다고 해서 무조건 감각 과민증이 있는 것은 아닙니다. 아토피, 알레르기, 기생충성 질환도 심한 가려움증을 일으킬 수 있으므로 신체 질환에 대해서 먼저 진료와 치료를 받아야 합니다. 또한, 관심 끌기 행동이나 부적절한 놀이 행동을 보이는 고양이는 언뜻 감각 과민증이 있는 것처럼 보일 수 있습니다. 이때는 앞에서 나열한 증상들로 구분해야 합니다.

첫 번째 증상을 보이기 시작한다면 관심을 돌리는 것이 중요합니다. 자극 요인이 무엇인지, 어떤 행동부터 시작하는지 알아놓으면 더 심한 행동으로 가기 전에 막을 수 있습니다. 다만 주의할 점은 이미 열중해서 핥거나 물어뜯고 있는 고양이의 행동을 억지로 막으면 안 된다는 것입니다. 문제 행동을 보일 때는 손으로 제지하지 말고 이불을 덮거나 큰 소리를 내는 것으로 행동을 그만두게 하는 것이 가장 안전합니다. 감각 과민증에 대한 치료법은 강박 장애를 치료할 때와 같으며, 평생 약을 먹여야 할 수도 있습니다.

집에 혼자 두면 집을 엉망으로 만들어요 : 분리 불안

분리 불안 고양이의 원인

분리 불안은 보호자가 집에 없거나 집에 있더라도 보호자에게 갈 수 없는 상황에서 발생합니다. 분리 불안을 가진 고양이가 보호자와 분리되면 심하게 울거나 과도한 그루밍을 하며 자해를 합니다. 또는 아무 데나 대소변을 보고 주변에 있는 물건을 망가뜨리는 등 문제 행동을 하기도 합니다. 이런 증상 외에 혼자 있을 때 의기소침해지거나, 주변을 과하게 경계하거나, 편하게 잠을 자지 못하고, 밥을 잘 먹지 못할 수도 있습니다. 분리 불안은 발달 과정에서 불안에 대한 반응 증가가 원인인 것으로 보이지만 명확한 원인은 밝혀지지 않았습니다.

분리 불안 고양이의 관리

분리 불안을 가진 고양이는 같은 질환을 가진 강아지에 비해서 치료받는 경우가 매우 드뭅니다. 고양이의 특성상 혼자서 조용히 고통을 참는 경우가 많아서 보호자들이 알아차리기 어렵기 때문입니다. 분리 불안을 가진 고양이는 혼자 지내는 시간이 매우 고통스러우므로 고양이의 삶의 질을 위해서 반드시 치료해야 합니다. 제때 치료하지 않으면 시간이 지날수록 악화되니 항상 고양이에게 관심을 갖고 문제 행동을 바로 파악하는 것이 중요합니다. 분리 불안은 대부분 약물 치료가 필수이나, 약물 치료와 동시에 집에서도 관리가 필요합니다.

가장 먼저 고양이가 혼자 있을 때 어떤 행동을 하는지 촬영해서 증상을 기록합니다. 어떤 문제 행동을 보이는지, 얼마나 잦은 빈도로 행동하는지 등을 파악하면 그만큼 치료 방법이 명확해집니다. 그다음으로는 고양이가 불안함에 보이는 문제 행동에 대해 무심코 보상해서는 안 됩니다. 관심을 요구하는 고양이가 불안해하고 귀찮게 하는 행동을 할 때 문제를 해결하기 위해, 또는 고양이가 스트레스를 받는다고 생각해서 안심시키려고 보상하지 않습니다. 이는 잘못된 보상이며 이런 잘못된 보상이 결국 불안 행동을 강화합니다. 오히려 조용히 앉아서 기다리고 쳐다볼 때 보상을 줌으로써 얌전한 행동을 강화하는 것이 좋습니다.

고양이에게 문제 행동이 생기는 이유와 예방하는 방법에는 어떤 것이 있나요?

- **환경의 변화** : 가족 중 누군가가 따로 살게 되어 집에 들어오지 않는다거나, 새로운 가구 또는 새로운 집으로의 이사 등 환경의 변화에서 시작될 수 있습니다. 생활 환경의 변화가 예상되는 경우라면 미리부터 준비하는 것이 좋습니다. 따로 살게 되는 가족이 있다면 미리 조금씩 거리를 두어 적응 기간을 만들도록 합니다. 집을 떠난 시점부터는 해당 사실에 집중하지 못하도록 놀이 시간을 늘리는 것도 좋습니다.

- **새로운 고양이 입양** : 혼자 노는 고양이가 심심해하는 것 같아 새로운 고양이를 데려온 것이 오히려 불안감을 키워 문제가 생기기도 합니다. 새로운 고양이를 가족으로 맞이하는 일은 고양이를 키우는 보호자라면 흔하게 겪게 되는 일입니다. 하지만 사이좋게 지낼 것이라는 기대와는 다르게 서로 경계하고 싸우게 되어 평온한 일상이 전쟁터가 되기도 합니다. 이는 적절한 소개 과정을 거치지 않았기 때문입니다. 올바른 방식으로 인사시킨다면 실패를 줄일 수 있을 것입니다.

※ 제1장. 고양이와 함께 살아가기 〉 05. 둘째 고양이 데려오기(p.41)를 참고하세요

- **질병** : 문제 행동이 단순한 스트레스가 아닌 질병으로 인해 생길 수도 있습니다. 예를 들어 한 번도 소변 실수를 하지 않던 고양이가 어느 날부터인가 소변 실수를 한다면 방광염이 생긴 건 아닌지 확인해 보아야 합니다. 물론 방광염이 아니라 화장실의 위치나 모래가 마음에 안 들어 문제 행동을 보이는 경우도 있겠지만, 질병을 간과해서는 안 됩니다.
- **사회성 부족** : 사회성이 부족하면 신뢰 관계의 형성이 어렵고, 억지로 친해지려고 하면 예민해지거나 공격성을 보이기도 합니다. 고양이의 사회화는 2~7주면 끝나기 때문에 그 이후부터는 새로운 것을 받아들이기 힘들어합니다. 사회성이 부족한 고양이를 대할 때는 절대 서둘러서는 안 되며, 충분한 시간을 들여서 천천히 친해질 필요가 있습니다. 고작 며칠 사이에 '무릎 고양이'로 만들려는 생각은 접어두는 것이 좋습니다. 사회성이 부족한 고양이에게는 적당한 거리를 유지하는 게 편안한 관계가 되는 첫걸음입니다.

- **통증** : 다정했던 고양이가 어느 순간 예민해지고 만지는 것을 거부한다면 통증 때문일 수 있습니다. 갑자기 고양이의 성격이 예민해졌다면 문제 행동을 생각하기보다는 아픈 곳이 있는 건 아닌지 확인해 보아야 합니다. 통증이 있다면 당연히 성격이 예민해지고 만지는 것을 거부하게 됩니다. 이때 억지로 끌어안거나 혼내면 더욱 심해지니 일단 병원에 데려가서 검진을 받는 것이 먼저입니다.
- **무료함** : 고양이에게는 충족되어야 하는 기본적인 욕구가 있습니다. 기본적인 욕구를 충족하지 못하고 아무런 할 일 없이 하루종일 멍하게 있는 것도 문제 행동의 원인일 수 있습니다. 사람도 집 밖에 나가지도 못하고 할 일 없이 1년 365일 멍하게 있으면 없던 문제도 생깁니다. 고양이도 적절한 놀이와 자극이 필요합니다. 보호자와 함께 놀이하거나 안전한 상태에서 집 밖을 구경시켜 줍니다. 함께 산책을 할 수 있으면 더욱 좋습니다. 각자 처한 환경 내에서 고양이가 무료함을 느끼지 않고 적절한 자극을 받을 수 있는 방법을 찾아야 합니다.

제 4 장

무엇이든 물어보세요

01. 목욕은 얼마나 자주 해야 하나요?

Q 저는 코리안 쇼트헤어를 기르고 있는데요. 목욕은 어느 정도 간격으로 해야 하나요? 목욕하는 걸 너무 싫어해서 목욕시키기가 힘들어요.

A

많은 보호자가 고양이를 목욕시키는 것을 힘들어합니다. 욕조에 물을 담아서 고양이를 씻기려 하면 물에 흠뻑 젖은 고양이는 마치 지옥에서 올라온 것처럼 욕실 안을 울부짖으며 뛰어다니기도 하죠. 목욕을 시킬 때마다 고양이가 스트레스를 받는 것 같아 걱정되지만 그렇다고 씻기지 않을 수도 없으니 난감하기도 할 겁니다. 일단 피부에 문제가 없다면 털이 짧은 고양이는 3~6개월에 한 번 정도만 목욕을 시켜도 됩니다. 다만 질병으로 인해 청결이 중요한 경우나 장모종 고양이의 경우는 털이 자주 엉키고 오물이 묻어도 그루밍을 잘하지 못하므로 조금 더 자주 목욕을 시키는 것이 좋습니다.

02. 미용할 때 마취는 꼭 해야 하나요?

Q 저는 장모종 고양이를 키우고 있는데요. 빗질을 자주 못 해줘서인지 털이 잘 엉켜서 미용을 하려고 했더니 마취를 해야 한다고 하더라고요. 미용을 하려면 꼭 마취를 해야 하나요? 위험하지는 않을까요?

A 고양이 미용은 대부분 미용상의 이유보다는 '어쩔 수 없이', '필요에 의해' 하는 경우가 많습니다. 피부병 치료를 위해서나 털이 엉켜서 문제가 되는 경우에 미용을 하죠. 또는 가족 중에 고양이 털 알레르기가 있는 경우 영향을 줄이기 위해 주기적으로 미용을 하기도 합니다.

이러한 이유로 미용을 하려고 하니 마취를 해야 한다고 해서 걱정하는 보호자가 많지만, 저는 오히려 고양이의 안전을 위해서 마취 미용을 추천합니다. 물론 최근에는 마취를 하지 않고 미용을 하는 무마취 전문 미용사들도 있습니다. 털이 많이 뭉치지 않았고, 건강상의 문제도 없으며, 매우 침착하고, 미용에 거부감이 없는 고양이라면 무마취 미용도 생각해 볼 수 있습니다. 하지만 고양이는 피부가 부드럽고 약하기 때문에 자칫하면 다치기 쉽습니다. 미용 중 주변의 작은 소리에 고양이가 움찔하는 순간 피부는 쉽게 찢어지죠. 유연한 고양이의 특성도 무마취 미용이 어려운 이유 중 하나입니다. 또한 예민한 성격을 지닌 고양이들은 미용 기구의 소리나 촉감에 강한 거부감을 보이기도 합니다. 예전에 미용하다 다친 적이 있거나, 다치지 않았더라도 당시의 불편했던 기억 때문에 심리적 트라우마를 가지고 있을 수 있습니다. 따라서 가급적이면 마취 미용을 하는 것이 안전합니다. 물론 마취가 무조건 안전하다고 말할 수는 없지만 마취 전 검사를 통해 고양이의 상태를 정확하게 평가한 후 진행한다면 그만큼 위험성은 적어질 것입니다.

03. 고양이는 몇 마리까지 함께 키울 수 있나요?

Q 저는 한 마리의 고양이를 키우고 있는 초보 집사입니다. 친구를 만들어주면 좋다는 얘기를 들어서 고양이를 한 마리 더 데려오려고 하는데요. 한집에서 고양이는 몇 마리까지 키울 수 있을까요?

A

고양이를 키우는 보호자들은 대개 한 마리로 만족하지 못하는 경우가 많습니다. 혼자서 외로워할 고양이의 친구를 만들어주기 위해서라고 하지만, 보통은 고양이가 너무 좋아서 또는 눈에 밟히는 고양이가 있어서 그 수를 늘리게 됩니다. 하지만 키울 수 있는 공간은 한정되어 있으므로 아무리 큰 집에서 산다고 하더라도 한집에서 키울 수 있는 고양이의 숫자는 정해져 있습니다.

한집에서 키울 수 있는 고양이의 수는 방이 몇 개인가로 정해집니다. 방이 두 개인 집이라면 두 마리만 키우는 것이 가장 이상적이죠. 하지만 강아지를 키우고 있다면 −1, 어린아이가 있다면 −1을 해야 합니다. 어떤 분은 작은 집에 여러 마리를 키워도 문제없다고 말하기도 합니다. 그런 경우는 고양이의 성격이 좋아서 나쁜 환경도 잘 참아주고 있는 것이니 고양이에게 감사해야 할 일입니다.

이상적인 고양이의 정원이 넘으면 고양이 세계의 평화는 깨지고 맙니다. 고양이는 자신만의 공간이 필요한 영역 동물입니다. 영역이 침범당했다고 생각한 이후에는 정글과 다름없는 긴장 상태가 되어 여러 가지 문제가 생깁니다. 내 자리를, 내 음식을, 내 평화를 누군가에게 계속해서 위협받는다면 당연히 행복할 리가 없겠죠.

04. 고양이를 데리고 이사할 때 준비할 게 있을까요?

Q 새집으로 이사를 하게 되었습니다. 고양이가 놀라거나 스트레스 받지 않고 잘 적응할 수 있는 방법이 따로 있을까요?

A 기본적으로 고양이는 변화를 좋아하지 않는 동물입니다. 이사처럼 생활환경이 송두리째 바뀌는 상황을 큰 스트레스로 받아들이죠. 하지만 아주 조금만 신경을 쓴다면 스트레스를 최소한으로 줄일 수 있습니다.

이삿날이 정해지면 짐을 싸는 인부들이 오기 전에 이사할 집에 방 하나(혹은 욕실)를 정해 고양이를 미리 옮겨 두고, 그 방의 정리를 가장 나중으로 미룹니다. 미리 고양이를 옮겨둘 수 없다면 고양이 호텔에 맡기는 것도 좋습니다. 고양이는 영역을 갖는 동물이기 때문에 낯선 사람이 자신의 집에 침입해서 자신의 공간을 마구 뒤집어 놓는 광경을 감당하기 힘들어합니다. 그래서 미리 분리를 시켜두는 것이 좋습니다. 이동장 교육이 잘 되어있다면 이동장 안에서 대기할 수도 있지만, 짐을 싸고 이동하고 다시 푸는 과정은 고양이가 인내하기에 너무 긴 시간일 수 있습니다.

새로운 집에 도착해서 짐을 내리고 인부들이 모두 돌아가면 고양이가 있을 만한 공간을 마련합니다. 침실이 가장 좋으며 평소 고양이가 좋아하는 방석이나 이동장을 함께 놓아두면 조금 더 빨리 안정됩니다. 고양이가 새집에 흥미를 보인다면 함께 여기저기 둘러보는 것도 좋습니다. 만약 고양이가 구석에 숨어 나오지 않으려 하면 억지로 끌어내지 말고 천천히 적응할 시간을 줍니다. 짐을 정리하는 중간중간에 고양이와 놀아주고 간식도 주면서 긴장을 풀 수 있게 도와주는 것도 좋습니다. 자신감이 충만한 고양이는 금방 적응하여 풀고 있는 짐 사이를 신나게 뛰어다니며 간섭을 할 수도 있지만, 소심한 고양이는 방에서 일주일 동안 나오지 않을 수도 있습니다. 적응의 속도는 고양이에게 맡겨둡니다. 보호자가 아무렇지 않게 대하고 평온해야 고양이도 더 빨리 적응할 수 있습니다. 평소 지나치게 소심한 성격의 고양이라면 이사 전후로 일주일 정도는 긴장 완화 약물을 먹이는 것도 새집에 적응하는 데 도움이 됩니다.

05. 고양이도 동물 등록을 해야 하나요?

Q 저희 고양이는 자꾸만 밖으로 나가려고 해요. 이러다가 잃어버리면 어쩌나 걱정이 되는데 고양이도 동물 등록을 할 수 있나요?

A 우리나라의 경우 강아지는 의무적으로 동물 등록을 하도록 장려하고 있지만, 아직 고양이는 의무적으로 등록을 하지 않고 있습니다. 그렇다고 아예 등록할 수 없는 것은 아니며, 대부분의 동물병원에서 마이크로칩을 시술받을 수 있습니다. 내장형 칩의 경우 안전성에 대한 논란이 있지만, 실제 부작용 발생 비율은 매우 낮은 편입니다. 칩을 삽입하는 과정에서 통증을 느낄 수 있으므로 중성화 수술이나 스케일링처럼 마취가 필요할 때 함께 시술하면 통증 없이 시술할 수 있습니다. 등록 후에는 동물보호관리시스템(www.animal.go.kr)에서 등록 정보를 확인할 수 있습니다.

06. 발톱을 깎아주기가 어려워요. 쉽게 할 수 없나요? 어디까지 깎아줘야 하나요?

Q **발톱만 깎아주려고 하면 난리를 피워요. 아파서 그런 걸까요? 발톱은 어디까지 깎아야 안전할까요?**

A 고양이의 발톱은 자기 자신을 지키는 최후의 무기이기 때문에 발톱 깎기를 좋아하는 고양이는 없습니다. 하지만 고양이가 무한한 신뢰를 보이는 상대라면 얼마든지 발톱을 내어주기도 합니다. 따라서 쉽게 발톱을 깎으려면 먼저 고양이에게서 신뢰를 얻어내야 합니다. 신뢰를 얻으면 발톱을 깎아주기 조금은 수월해질 것입니다. 발톱을 깎을 때는 발가락을 눌러 발톱을 밀어낸 다음, 분홍색 혈관에서 2mm 정도 떨어진 지점을 자르면 됩니다.

Dr's advice

고양이 발톱 깎는 방법

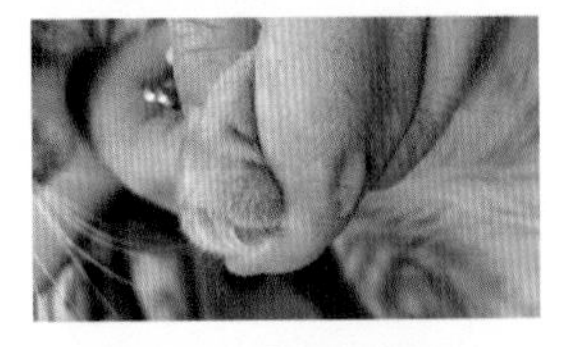

1. 고양이를 뒤에서 안고 깎을 발톱을 엄지와 검지로 살짝 밀어냅니다. 발톱이 밀려 나오면 분홍색 혈관을 확인할 수 있습니다.

2. 발톱을 밀어낸 상태로 전용 발톱깎이를 사용해서 분홍색 혈관에서 2mm 떨어진 부분을 자릅니다.

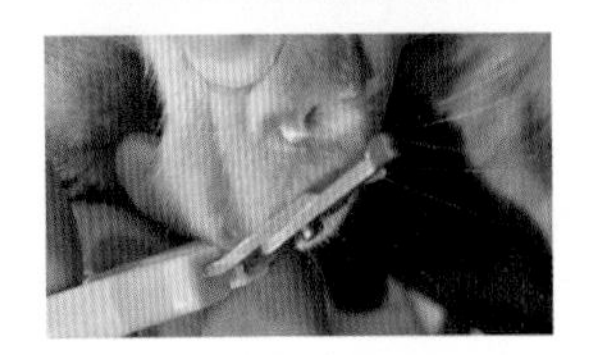

3. 자르고 난 후에는 발톱의 상태를 확인합니다. 혈관 앞쪽의 발톱은 신경이 없기 때문에 잘라도 아파하지 않습니다. 다만 혈관을 건드려서 피가 나는 경우 심한 통증과 함께 트라우마가 되어 발톱 깎기가 더욱 어려워질 수 있으니 주의하도록 합니다.

07. 양치질은 꼭 해줘야 하나요?

Q 저희 고양이는 치아를 닦아주기가 너무 어렵습니다. 양치질을 하려고 하면 깨물고 도망가서 제대로 하기가 어려운데 어떻게 해야 하나요?

A 사람도 그렇듯이 양치질을 하는 것은 치아 관리에 가장 중요한 부분입니다. 하지만 현실적으로 고양이의 치아를 제대로 닦기는 쉽지 않습니다. 어린 고양이에게 칫솔질 교육을 시도하다가 결국 포기하는 경우도 많죠.

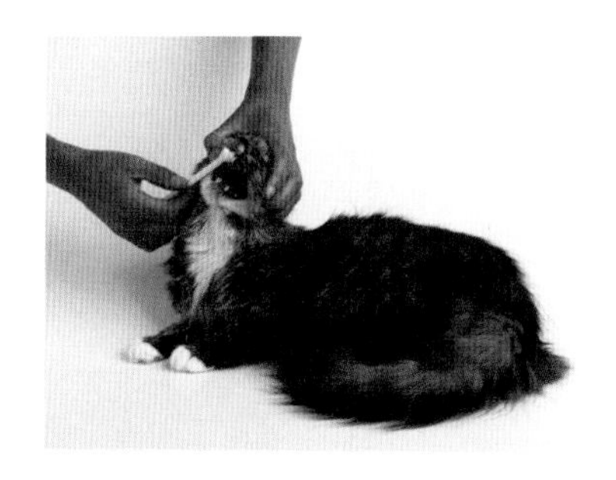

제가 본 실패의 원인은 대부분 너무 서둘러서입니다. 고양이가 보호자에게 치아를 닦아 달라고 한 적도 없고, 스스로 치아를 닦고 싶어 할 리는 더더욱 없습니다. 하지만 꼭 해야 하는 일이기에 보호자들은 가끔 강압적으로 변하곤 합니다. 고양이를 꽉 잡은 상태에서 한 번에 앞니부터 어금니 안쪽까지 닦으려고 하다 보니 고양이도 보호자도 쉽게 지칩니다. 처음에는 어찌어찌해냈다고 해도 다음부터는 점점 더 하기 힘들어집니다. 그러면 처음보다 더 강압적으로 대하게 되고, 결국 악순환이 반복됩니다.

고양이가 하기 싫어하는 치아 관리를 할 때는 조금씩 천천히 해야 합니다. 절대로 서둘러서는 안 됩니다. 한 번에 양치를 완벽하게 해내겠다는 마음이 아니라 이번에는 앞니만, 다음에는 송곳니까지만, 이렇게 단계적으로 천천히 진행해 고양이에게 적응할 시간을 주는 것이 아주 중요합니다. 고양이에게는 한 번의 싫은 기억도 평생의 안 좋은 기억으로 남을 수 있으니 억지로 하는 것은 절대적으로 지양합니다. 만약 칫솔 사용을 너무 싫어한다면 바르는 치약을 사용하는 것도 하나의 방법입니다. 바르는 치약마저도 사용하기 어려운 경우에는 주기적인 치과 검진과 적어도 일 년에 한 번쯤 스케일링을 받는 것이 좋습니다.

Dr's advice

양치질하는 방법 가르치기

1. 치약을 손끝에 발라 간식처럼 주면서 치약 맛에 익숙해지도록 합니다. 동물용 치약은 맛이 가미되어 있어 대체로 잘 먹습니다.
2. 손끝에 바른 치약을 잘 먹게 되면 앞니 부분으로 살짝 넣어봅니다.
3. 조금씩 더 안쪽으로 넣기를 시도하되 싫어하는 기색을 보이면 바로 그만두고 그날은 거기서 끝내도록 합니다.
4. 손가락으로 먹는 것에 익숙해지면 칫솔 끝에 치약을 묻혀 손가락과 똑같이 앞니를 거쳐 조금씩 안쪽으로 진행하면서 양치질을 시도합니다. 항상 명심해야 하는 것은 싫어하는 기색을 보이면 바로 그만두어야 한다는 것입니다. 단계적으로 성공할 때마다 보상을 주면 좀 더 쉽게 치아를 닦을 수 있습니다.

08. 물을 너무 안 먹어요. 많이 먹일 수 있는 방법이 있을까요?

Q **저희 고양이는 요로 질환 때문에 물을 많이 먹어야 하는데 통 먹지를 않아요. 억지로라도 먹여야 할까요? 물을 잘 먹게 할 다른 방법은 없나요?**

A 사막 출신의 야생에 익숙한 고양이는 다른 동물에 비해 탈수에도 잘 버텨서 물을 먹는 것에 관심이 없는 경우가 많습니다. 하지만 비뇨기 관련 질환을 앓고 있다면 고양이 물 먹이기가 하나의 미션이 됩니다. 보통 고양이에게 권장되는 하루 수분 섭취량은 kg당 40~50ml입니다. 순수하게 물로만 채우기에는 어려운 양이죠. 다행히 고양이가 먹는 음식에도 수분이 포함되어 있어 실제로는 그보다 적은 양의 물을 먹이면 됩니다.

고양이에게 물을 먹일 때는 수돗물이나 생수를 사용하고 자주 갈아주어 항상 신선하고 깨끗한 물을 제공해야 합니다. 자주 마실 수 있도록 밥그릇 주변 외에 다른 장소 두 곳 이상에 물그릇을 두면 좋은데, 이때 크기와 재질이 다양한 물그릇을 사용하는 것이 좋습니다. 물그릇의 크기는 고양이의 수염이 물그릇 가장자리에 닿을 정도가 좋고, 재질은 사기(세라믹)나 유리 재질의 그릇이 좋습니다. 흐르는 물을 좋아하는 고양이라면 고양이 정수기가 도움이 됩니다. 다양한 형태의 정수기(급수기)를 시도하여 고양이가 원하는 급수 방법을 찾도록 합니다. 그래도 물을 잘 먹지 않는다면 건식 사료와 습식 사료를 함께 주어 수분 섭취량을 늘리고, 신장 질환이 없다면 짜지 않은 육수나 전용 우유를 먹이는 것도 도움이 됩니다. 물에 연한 육수나 츄르를 약간 섞은 다음 얼려서 얼음 형태로 제공하는 것도 좋은 방법입니다.

09. 어떤 사료가 좋은 사료인가요?

Q 고양이 사료는 종류가 정말 많은데요. 어떤 사료가 가장 좋은 건가요? 사료를 선택하는 기준이 따로 있을까요?

A

고양이 사료는 크게 건식 사료, 반건조 사료, 습식 사료 세 가지 종류로 나누어집니다. **건식 사료**는 보관이 쉽고 기호성도 좋은 편입니다.

자율 급식을 하는 경우라면 건식 사료가 가장 좋은 선택이 됩니다. 다만 대용량의 사료를 구매해서 오랫동안 보관할 경우 사료가 변질될 위험이 있으므로 작은 포장의 사료를 구입하여 한 달 이내에 다 먹도록 하는 것이 좋습니다. **반건조 사료**는 수분 함량이 많아 말랑말랑하기 때문에 씹는 것을 불편해하는 고양이에게 좋은 선택이 될 수 있습니다. 다만 그릇에 오래 담아두면 빨리 마르고 쉽게 변질된다는 단점이 있으니, 반건조 사료를 급여할 때는 즉시 먹을 수 있는 양만을 급여하고 먹고 남은 사료는 버리는 것이 안전합니다. **습식 사료**는 캔 형태로 되어 있으며 많은 고양이가 좋아하기도 하고 수분을 공급하는 데도 유용합니다. 개봉하지만 않으면 가장 오랫동안 보관이 가능하며, 개봉 후에 남은 캔은 밀봉하여 냉장 보관하였다가 다시 급여할 때 미지근하게 데워주면 잘 먹습니다. 습식 사료에서 주의해야 할 점은 주식인지 간식인지를 잘 구분해서 급여해야 한다는 것입니다. 간식의 경우는 주식에 비해 필수 영양소가 모자라는 경우가 많으니 잘 구분합니다. 이처럼 장점이 많은 습식 사료지만 가격이 비싸다는 것이 가장 큰 단점입니다.

동물병원과 마트에서 판매하는 사료들은 대부분 미국사료협회(Association of america feeding control officials : AAFCO = 반려동물 식품의 기준을 제시하는 미국의 비영리 기구)에서 제정한 고양이에게 필요한 최소 영양 요구를 통과한 제품들입니다. 원료나 조성에 차이는 있지만, 등급의 차이는 크지 않습니다. 따라서 브랜드보다는 연령별 기준에 맞는 사료를 선택하는 것이 중요합니다. 어린 고양이는 어린 고양이용 사료를, 나이가 든 고양이는 노령 고양이용 사료를 선택하여 먹이도록 합니다. 특정 질병이 있는 경우에는 동물병원에서 추천하는 처방 사료를 먹이는 것이 좋습니다. 간혹 집에서 직접 음식을 만들어 먹이는 보호자도 있지만, 이는 영양 균형을 맞추기 어려우므로 추천하지는 않습니다. 또 생식을 목적으로 생고기를 주는 경우도 있는데, 생고기는 영양적으로는 나쁘지 않으나 세균이나 기생충 감염을 일으킬 수 있기 때문에 먹이지 않는 것이 좋습니다.

10. 간식을 많이 먹여도 괜찮을까요?

Q **저희 고양이는 츄르를 너무 좋아해서 하루에 3~4개를 먹습니다. 너무 많이 먹는 것 같아 걱정되는데 이렇게 먹여도 괜찮은 걸까요?**

A 츄르는 주식이 아니라 간식입니다. 간식은 주식에 비해 기호성은 좋지만, 영양 균형이 잡혀있지 않은 경우가 많습니다. 따라서 하루에 너무 많은 간식의 급여는 장기적으로 영양 불균형을 가져올 수 있습니다. 간식은 고양이 일일 칼로리 섭취량의 10~15%를 넘지 않는 정도로만 주는 것이 안전합니다.

11. 안아주고 싶은데 안겨 있는 걸 싫어해요. 어떻게 해야 잘 안겨 있을까요?

Q 이번에 아기 고양이를 입양한 집사입니다. 고양이가 너무 사랑스러워서 마음껏 안아주고 싶은데 안으려고 하면 달아나고 억지로 껴안으면 어떻게든 빠져나가려고 난리를 피워요. 어떻게 하면 잘 안겨 있을까요?

A 자신을 이끌어주는 리더가 필요한 강아지와 달리 고양이는 자기 스스로 결정하고 행동하기를 좋아합니다. 보호자에게 갈지 말지, 언제 무릎에 올라갈 것인지도 스스로 선택하려 합니다. 그러니 고양이의 결정을 무시하고 억지로 껴안으면 당연히 고양이는 불편해하고 보호자가 자신을 괴롭힌다고 생각할 수 있습니다. 어린 고양이에게 그런 행동을 반복하면 대부분 예민하고 까칠한 고양이로 자라게 됩니다. 손만 대도 신경질적으로 반응하게 되죠. 그러니 안고 싶어도 꾹 참고 고양이에게 선택권을 넘겨주도록 합니다. 다가올 때까지 기다리고, 쓰다듬어 주기를 바랄 때 쓰다듬어 주세요. 작은 스킨십이 편안하고 기분 좋다고 느낀다면 어린 고양이는 계속 더 해달라고 오게 됩니다. 조금씩 기분 좋은 기억이 쌓이면 어느새 보호자의 무릎에 자리 잡은 고양이를 볼 수 있게 될 겁니다.

12. 귀를 꼭 닦아주어야 하나요?

Q 고양이도 개처럼 주기적으로 귀 청소를 해야 하나요? 저희 고양이 귀를 보면 깨끗해 보이는데 그래도 청소를 해야 하나요?

A 밖에서 보았을 때 귀가 깨끗해 보인다면 문제가 없는 경우가 대부분이니 굳이 귀 청소를 할 필요는 없습니다. 가끔 귀지가 있지는 않은지, 귀가 붉어지거나 가려워하지는 않는지 확인하는 것만으로도 충분합니다.

13. 화장실은 얼마 만에 한 번씩 치워주어야 하나요?

Q 웬만하면 화장실을 매일 치워주려고 하지만 바빠서 잊어버릴 때가 종종 있어요. 화장실이 지저분하면 비뇨기 쪽에 문제가 생긴다는데 걱정이 되어서요. 고양이 화장실은 얼마 만에 한 번씩 치워주어야 하나요?

A 이 문제는 우리가 화장실을 사용하는 것과 비슷하게 생각해 볼 수 있습니다. 고양이를 한 마리만 키우는 경우라면 하루 정도는 치워주지 못해도 고양이가 너그럽게 참아줍니다. 어차피 내 배설물이니까요. 물론 기분은 좋지 않겠지만 심한 스트레스를 받을 정도는 아닙니다. 하지만 여러 마리를 키우고 있다면 상황은 달라집니다. 남의 배설물이 있는 화장실에 들어가고 싶어 하는 고양이는 없습니다. 최대한 피하다가 어쩔 수 없을 때 가게 되죠. 특히 예민한 고양이라면 화장실이 깨끗하게 치워질 때까지

생리 현상을 참기도 합니다. 이것이 반복되면 요로 질환이 생길 수 있습니다. 여러 마리의 고양이를 키우고 있다면 '고양이 마리 수 + 1개'의 화장실이 이상적입니다. 그리고 화장실은 가급적 매일 치워주세요. 볼일을 보고 물을 내리지 않은 화장실에 가고 싶은 사람은 아무도 없으니까요.

14. 약 먹이기가 너무 힘들어요. 쉽게 먹이는 방법은 없을까요?

Q **저희 고양이는 얼마 전에 신부전 진단을 받았습니다. 평생 약을 먹어야 한다는데 약 먹이기가 너무 힘들어요. 좀 쉬운 방법은 없을까요?**

A 고양이에게 약을 먹이는 방법에는 크게 세 가지가 있습니다.

① **좋아하는 간식이나 캔에 넣어 섞어주는 방법** : 무맛, 무취의 약이나 쓰지 않은 약을 먹일 때 효과적입니다. 먹이기 가장 쉽고 스트레스가 적은 방법입니다.

② **물약으로 만들어 주사기로 먹이는 방법** : 가루 형태의 약을 물에 개어 주사기로 먹이는 방법입니다. 잘 먹는 고양이도 있지만 대부분의 고양이는 조금만 쓴맛이 나도 거품을 물거나 격렬하게 반항합니다. 따라서 추천하지는 않습니다.

③ **알약으로 먹이는 방법** : 알약은 입안에서 쓴맛이 느껴지지 않아 오히려 거부감이 덜합니다. 알약을 먹일 때는 손가락으로 알약을 목구멍 깊숙

이 밀어 넣어야 입안에서 씹지 않고 바로 삼킬 수 있습니다. 만약 이 과정에서 고양이가 알약을 씹게 되면 쓴맛의 불쾌감 때문에 이후 거부감을 보일 수 있으니 최대한 목구멍 쪽으로 깊게 밀어넣는 것이 중요합니다. 고양이가 약 먹는 것에 대해 거부감을 보이거나 손으로 먹일 때 다칠 위험이 있다면 필건(Pill gun : 알약 투약기)을 사용하는 것도 하나의 방법입니다. 알약에 좋아하는 츄르나 캔 국물을 묻히면 먹이기가 조금 더 쉽습니다.

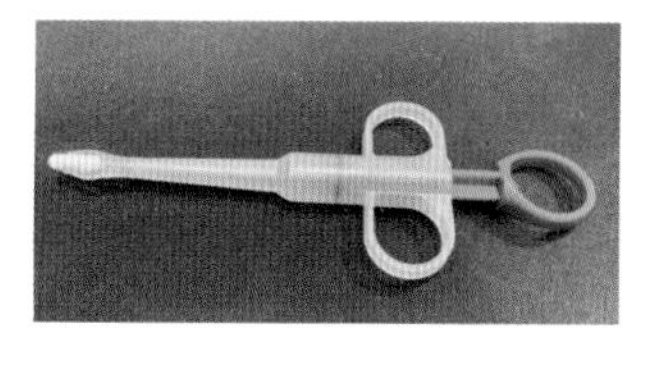

필건

15. 수술이 예정되어 있는데 너무 걱정돼요. 뭔가 도와줄 수 있는 게 있을까요?

Q **며칠 뒤에 고양이의 중성화 수술이 예정되어 있습니다. 별일 없이 주치의 선생님이 잘 해주실 거라는 것은 알지만 너무 걱정이 됩니다. 저희 고양이가 수술을 잘 견디고 회복할 수 있도록 제가 도와줄 건 없을까요?**

A 아무리 간단한 수술이라도 마취가 동반되기 때문에 염려하지 않을 수 없습니다. 그렇다고 해서 보호자가 불안한 마음을 보이면 고양이 역시 그런 보호자의 마음을 눈치채 덩달아 불안해하는 경우가 많습니다. 우선 보호자가 의연해야 고양이도 불안한 마음을 줄일 수 있다는 것을 명심해야 합니다. 수술 전에는 지침을 잘 따라야 합니다. 어떤 수술이건 마취 전 12시

간은 금식이 필수입니다. 유난히 불안감이 심한 고양이라면 주치의 선생님과 상의하여 내원 전에 불안감을 줄이는 약물을 먹이는 것도 좋습니다. 병원에 데려갈 때는 반드시 이동장을 사용하고 보호자의 냄새가 밴 옷이나 담요, 좋아하는 장난감 등을 가져가서 수술 후 고양이가 회복할 입원장에 함께 넣어줍니다. 이런 물건들은 고양이가 마취에서 회복하는 동안 불안감을 줄여주고 안정적으로 회복할 수 있게 도와줍니다.

16. 강아지와 고양이를 함께 키워도 되나요?

Q 저는 지금 강아지를 키우고 있는데요. 요즘 고양이가 자꾸 눈에 들어옵니다. 고양이를 데려오면 강아지와도 잘 지낼 수 있을까요?

A

가능 여부를 단적으로 말하기는 어렵습니다. 고양이에 대해 별로 관심 없는 강아지도 있지만, 공격성을 보이는 강아지도 있기 때문입니다. 어린 고양이의 경우 체구가 작기 때문에 강아지가 심한 공격성을 보이는 경우는 드뭅니다. 기존에 키우던 강아지에게 새로운 가족을 소개하듯 조심스럽게 천천히 받아들이도록 노력한다면 가능할 것입니다. 그러나 어른 고양이의 경우는 어린 고양이와는 다르기 때문에 적응이 어려울 수 있습니다. 친해지기까지 훨씬 더 많은 노력이 필요하지만, 그런 노력에도 불구하고 실패할 수도 있습니다.

17. 정상 고양이의 신체 수치

체온	38.5~39.0 ˚c
심박수	120~240/분
호흡수	20~30/분 편안하게 자고 있을 때를 기준으로 합니다. 만약 40회가 넘어간다면 심장병이 있을 수 있으므로 즉시 검진을 받아야 합니다.
혈액형	A형, B형, AB형 세 가지 혈액형을 가집니다. A형과 B형은 흔하지만 AB형은 드뭅니다.

당신이 펫팸(pet family)족이라면 꼭 옆에 두고 보아야 할 필수 도서!

동물병원 119 고양이편

초판발행	2024년 04월 25일
발 행 인	박영일
책임편집	이해욱
저 자	정병성, 이나영
편집진행	강현아
표지디자인	하연주
편집디자인	김세연
발 행 처	시대인
공 급 처	(주)시대고시기획
출판등록	제 10-1521호
주 소	서울시 마포구 큰우물로 75 [도화동 538 성지 B/D] 6F
전 화	1600-3600
홈페이지	www.sdedu.co.kr

I S B N	979-11-383-6831-5(03520)
정 가	17,000원

시대인은 종합교육그룹 (주)시대고시기획 · 시대교육의 단행본 브랜드입니다.